Okechukwu Emmanuel Muogilim

Wielowarstwowa optymalizacja inżynierii ruchu drogowego

Okechukwu Emmanuel Muogilim

Wielowarstwowa optymalizacja inżynierii ruchu drogowego

dla bezprzewodowej sieci mesh

Wydawnictwo Bezkresy Wiedzy

Imprint
Any brand names and product names mentioned in this book are subject to trademark, brand or patent protection and are trademarks or registered trademarks of their respective holders. The use of brand names, product names, common names, trade names, product descriptions etc. even without a particular marking in this work is in no way to be construed to mean that such names may be regarded as unrestricted in respect of trademark and brand protection legislation and could thus be used by anyone.

Cover image: www.ingimage.com

This book is a translation from the original published under ISBN 978-620-2-30203-6.

Publisher:
Wydawnictwo Bezkresy Wiedzy
is a trademark of
Dodo Books Indian Ocean Ltd., member of the OmniScriptum S.R.L Publishing group
str. A.Russo 15, of. 61, Chisinau-2068, Republic of Moldova Europe
Printed at: see last page
ISBN: 978-620-0-54342-4

SPIS TREŚCI

WYKAZ CYFR

Rysunki Strona

WYKAZ TABEL

Tabel e ***Strona***

ABBREVIATIONS

ACK - Potwierdzenie

AODV - Odległy wektor ad hoc na żądanie

ATOM - Każdy transport nad MPLS

CS/ CSMA- Wyczuwanie wielokrotnego dostępu; unikanie kolizji

DiffServ - Zróżnicowana architektura usług

DSDV- Dynamicznie sekwencjonowany wektor odległy

DSR- dynamiczne trasowanie stanów

HSR - Hierarchiczna wytyczanie trasy stanu

IEEE- Instytut Elektrotechniki i Elektroniki

IETF- Internet Engineering Taskforce

Bezpieczeństwo protokołu IPSEC-Internet

ISIS- system pośredni, protokół systemów pośrednich

LSP - Label Switched Path

LSR - Router z przełączaniem etykiet (Label Switched Router)

MAC-średnia kontrola dostępu

MANET-Mobilna sieć ad hoc

Radio MR-multi

Przełączanie etykiet MPLS-Multi-protokołowe

MIRA - Algorytm wyznaczania minimalnego poziomu zakłóceń

OLSR-Optimized link state routing

System OSI-Open międzynarodowy

OSPF- Otwórz najpierw najkrótszą ścieżkę

PHB - Per Hop Behaviour

SA - Symulowane wyżarzanie

SLA - umowa o gwarantowanym poziomie usług

STP- Protokół drzewa rozszczepiania

TE-Traffic Engineering

TORA- Tymczasowo uporządkowany algorytm trasowania

VPN - wirtualna sieć prywatna

WLAN - Bezprzewodowe lokalne sieci dostępowe

WMN - Bezprzewodowe sieci siatkowe

ZRP- Protokół routingu strefowego

ABSTRACT

Bezprzewodowa sieć mesh jest potencjalną siecią na przyszłość ze względu na jej doskonałe właściwości dynamicznego samouzdrawiania, samokonfiguracji i samoorganizacji. Jego zaletą jest również łatwa interoperacyjność sieci i możliwość tworzenia wielu połączonych ze sobą sieci ad hoc. Ma zdecentralizowaną topologię, jest tani i bardzo skalowalny. Ponadto, jego łatwość wdrożenia i łatwa konserwacja to inne nieodłączne cechy sieci. Powyższe cechy bezprzewodowej sieci mesh przynoszą korzyści w zakresie możliwości transmisyjnych sieci heterogenicznych.

Jednakże transmisje w bezprzewodowych sieciach kratowych stwarzają porównywalne wyzwania związane z wydajnością, takie jak przeciążenia, równoważenie obciążenia, skalowalność w coraz większych sieciach i przepustowość pokrycia. W związku z tym te wyzwania i problemy związane z trasowaniem i przełączaniem pakietów w protokołach routingu bezprzewodowej sieci typu mesh doprowadziły do propozycji rozwiązania tych problemów za pomocą algorytmu łączącego i opartego na zarządzaniu bezpieczeństwem sieci i przesyłanych przez nią pakietów. Istnieją równie kontrowersyjne usługi, takie jak niezawodność sieci i jakość usług dla przepływu ruchu multimedialnego w czasie rzeczywistym, jak i inne wyzwania, takie jak obliczanie i wybór ścieżek w bezprzewodowej sieci mesh.

Niniejsza teza stanowi zatem kumulatywną propozycję rozwiązania zarysowanych wyzwań i otwartych obszarów badawczych, jakie stwarza wykorzystanie protokołu routingu bezprzewodowej sieci typu mesh. Rozwiązuje on te problemy w środowisku sieciowym, wykorzystując hybrydową optymalizację - inżynierię ruchu, w celu zwiększenia efektywności i niezawodności sieci.

Oferuje on również kumulatywną rozdzielczość różnych wkładów w zakresie protokołu i transmisji routingu sieci bezprzewodowej mesh. Adaptacja i optymalizacja

realizowane są w zaprojektowanej sieci bezprzewodowej mesh z wykorzystaniem mechanizmu i techniki inżynierii ruchu.
W ramach badań analizowane są wzorce transmisji pakietów w sieci mesh oraz oceniane są wyzwania i awarie w transmisji pakietów w sieci mesh. Opracowuje on algorytm oparty na rozwiązaniach dla rozdzielczości i proponuje rozwiązanie oparte na inżynierii ruchu. Te wynikowe wydajności i analizy są zazwyczaj testowane i porównywane za pomocą sieci bezprzewodowej w standardzie IEEE802.11n lub innym starszym, udokumentowanym rozwiązaniu.

W niniejszej pracy wykorzystano starannie zaprojektowaną kampusową sieć mesh w celu pokazania porównawczej oceny optymalnej wydajności węzłów i routerów mesh w stosunku do normalnej sieci domenowej opartej na IEE802.11n, aby pokazać zróżnicowanie poprzez optymalizację przy użyciu stworzonych algorytmów. Ponadto wskaźniki wydajności, będące metryką, są wykorzystywane do pomiaru użyteczności i niezawodności, w tym przepustowości i przepustowości w miejscu przeznaczenia podczas transmisji danych technicznych w ruchu drogowym. Ponadto, bezpieczeństwo tych przesyłanych danych i pakietów jest zoptymalizowane w ramach techniki inżynierii ruchu.

Wreszcie, teza ta oferuje zrozumienie wkładu w bezpieczeństwo przy użyciu rozdzielczości inżynierii ruchu w celu stworzenia algorytmu zarządzania do przetwarzania i obliczania potrzeb bezpieczeństwa sieci bezprzewodowych mesh.

Wyniki tej tezy potwierdziły, uzupełniły i rozszerzyły istniejące przewidywania o rzeczywiste pomiary.

PODZIĘKOWANIA

Przede wszystkim dziękuję Bogu, że dał mi tę możliwość i błogosławieństwo życia i dobrego zdrowia do końca tego projektu. Szczególną wdzięczność kieruję również do moich opiekunów projektów - profesora Johna Cosmas'a, a w szczególności do dr Jonathana Loo, za przyjęcie mnie, traktowanie mnie z wielkim szacunkiem i profesjonalizmem, pokazywanie mi lin i różnego rodzaju projektów i możliwości, a w końcu oferowanie pomocy nawet po opuszczeniu uczelni. Ułatwił mi odkrycie zawodowej strony moich studiów i kariery. Był jak starszy brat, tolerancyjny wobec moich licznych problemów. Ułatwił mi również realizację tego projektu, dając mi swój czas, porady i zasoby. Dał mi pewność siebie, której potrzebowałem; pochwalam jego cierpliwość do moich wyzwań. Pragnę również podziękować profesorowi Alowi Raweshidy, który poprowadził mnie i pokazał mi pierwsze liny w moich studiach i badaniach.

Moi rodzice byli moim kręgosłupem finansowym, a inna pomoc pochodziła od moich braci Chike, Nnamdi i Chuma. Dało mi to potrzebny impuls i czas na skoncentrowanie się na pracy. Moja rodzina była jak moja forteca w tym okresie - w modlitwie i w ciągłym wsparciu - dziękuję wam wszystkim. Szczególna wdzięczność dla mojej matki, która dała mi znaczną część swojej emerytury za moje czesne i inne liczne poświęcenia, dziękuję wam wszystkim z mojego serca. Jestem wdzięczny za wsparcie mojej rodziny w tym okresie.

Moich współpracowników i pracowników WNCC i School of Engineering and Design chcę użyć tego medium, aby powiedzieć, że jestem wdzięczny za wsparcie i wkład, jaki włożyliście w osiągnięcie mojego doktoratu; bez Was wszystkich byłoby to trudne i nudne.

Szczególne podziękowania dla mojej żony, Idii i syna - Chidery, za ich cierpliwość i zrozumienie przez cały ten okres, za czasy, kiedy wyjeżdżałem, by skupić się na nauce. Tę tezę chciałbym zadedykować wszystkim, o których wspomniałem powyżej i wszystkim tym, którzy modlili się za mnie przez cały czas trwania moich badań i wspierali mnie.

ROZDZIAŁ 1

Wprowadzenie

1.1. Motywacja

Pojawiająca się bezprzewodowa sieć mesh IEEE802.11n [1] ma wiele zalet w porównaniu z tradycyjną siecią MANET [2] oraz siecią ad hoc. Naturalne zalety wynikają z różnic w projektach architektonicznych w porównaniu z tradycyjnymi projektami ad hoc. Jego routery i routery bramowe są półmobilne i stanowią szkielet infrastruktury połączonej z punktami dostępowymi. Klienci sieci bezprzewodowych często łączą się i współpracują z innymi węzłami i urządzeniami sieciowymi. Są one dynamiczne, mobilne i łatwo tworzą siatkę sieci. Zazwyczaj znajdują się one na peryferiach infrastruktury sieciowej.

Bezprzewodowa sieć mesh [3] dzięki tym unikalnym cechom i strukturze posiada nieodłączne cechy, takie jak samouzdrawianie, samokonfiguracja i organizacja. Ponadto jest tani, łatwy w utrzymaniu i szybki w instalacji. Te właściwości adaptacyjne dają siatce bezprzewodowej potencjalną komercyjną przewagę w zakresie dostępu szerokopasmowego [4], transmisji multimediów i ruchu w czasie rzeczywistym oraz wysoce wymagającej komunikacji, a także wysokiej przepustowości zasięgu i porównywalnie większej skalowalności w rosnących sieciach.

Wysoce wymagająca i kontrowersyjna komunikacja w sieci cyfrowej oznacza zazwyczaj wprowadzenie zakłóceń, małą skalowalność i słabe zrównoważenie obciążenia w sieci mesh. Wiąże się to również z nierzetelnością uczciwości i jakości usług transmisji. W większości przypadków transmisja sieci multimedialnej i routing priorytetowy przez sieć bezprzewodową tworzą wąskie gardło w postaci tablic spornych sygnałów na ograniczonej szerokości pasma, jak pokazano na rysunku 1.1. Wiąże się to z różnorodnymi wyzwaniami i problemami dotyczącymi bezprzewodowych sieci siatkowych (WMN). Transmisja przez WMN może zostać przemodelowana w celu poprawy wydajności, podniesienia jakości usług i niezawodności sieci w komunikacji.

Transmisja w sieci wykorzystuje routing i przełączanie pakietów związanych z danymi do transmisji typu end-to-end w sieci WMN. W sieci WMN ta routing ruchu związanego z siecią znajduje się w warstwie 3 standardu warstwy ISO/OSI. Protokół routingu określa typ routingu, który wykorzystuje transmisja sieciowa. Jest to podstawowy protokół, który uruchamia routing, sieć i transmisję pakietów w sieci mesh. WMN różni się od starych tradycyjnych sieci ad hoc mobilnością routera mesh i dynamiczną, wysoką mobilnością klientów sieci mesh. Optymalizacja [5] protokołu routingu odbywa się za pomocą techniki inżynierii ruchu [6]. Inżynieria ruchu polega na kontrolowaniu ruchu od źródła do miejsca przeznaczenia w celu osiągnięcia większej przepustowości i zapewnienia szybszej transmisji. Jest to mapowanie węzła źródłowego na węzeł docelowy z wykorzystaniem matryc transmisji ruchu i wykorzystaniem ograniczeń związanych z opóźnieniem jako metryk. [7]

Optymalizację przeprowadziliśmy za pomocą inżynierii ruchu [8] protokołu routingu WMN. Praca w sieci bezprzewodowej ma wspólne medium; istnieje wiele wyzwań, które decydują o pojemności kanału. Równoczesny ruch sygnału przesyłanego z węzła źródłowego do miejsca docelowego, jak pokazano na rysunku 1.1, składa się z sygnału wideo o wysokiej rozdzielczości, sygnału głosowego i wielu innych sygnałów multimedialnych, jak pokazano na rysunku 1.1, przy dużym zapotrzebowaniu na pasmo o już i tak ograniczonej przepustowości w sieci mesh. Ten jednoczesny przepływ sygnału powoduje spory w sieciach dostępowych takich jak WMN, a pakiety są tracone i porzucane w trakcie procesu i podczas transmisji do węzła docelowego. Zakłócenia te mają wpływ na jakość usług (QOS) oraz niezawodność pakietów i integralność danych na nośniku transmisji. Mają one wpływ na ogólną przepustowość kanałów w sieci.

Istnieją dwa sposoby transmisji, jak pokazano na rysunku 1.1, na nośniku opartym na dostępie: contention i contention-free. Podejście oparte na podejściu contention-based wykorzystuje Carrier Sense Multiple Access with

Collision Avoidance (CSMA-CA). Standard IEEE 802.11 [1], który określa specyfikacje bezprzewodowych sieci lokalnych (WLAN), jest jednym z przykładów, w którym stacje bezprzewodowe zgodne ze standardem 802.11 konkurują o zajęcie kanału. Jednak w podejściu bezkonfliktowym powszechnie stosuje się metodę wielokrotnego dostępu typu Time Division Multiple Access (TDMA), w której do urządzenia przypisany jest jeden lub więcej stałych lub zmiennych rozmiarów szczelin czasowych. Sposób, w jaki urządzenie sieciowe uzyskuje dostęp do medium bezprzewodowego jest kluczowy dla określenia technik, które mają być wykorzystane do efektywnego wykorzystania medium, jak również przepływu transmisji od węzła źródłowego do węzła docelowego w sieci WMN.

Transmisja tych standardów sygnałów zmiennych jest opracowywana przy użyciu techniki inżynierii ruchu, aby zoptymalizować następujące elementy:

- Przepustowość w węźle docelowym
- Integralność danych pakietowych podczas transmisji - bezpieczeństwo pakietów
- Aby poprawić niezawodność komunikacji
- Aby poprawić podstawową szybkość przesyłania danych pakietowych podczas transmisji
- Aby ograniczyć spory o domenę transmisji bezprzewodowej w technologii mesh
- Zdolność pokrycia
- Skalowalność
- Bilans obciążenia
- Bezpieczeństwo
- Większa prędkość transmisji przez WMN

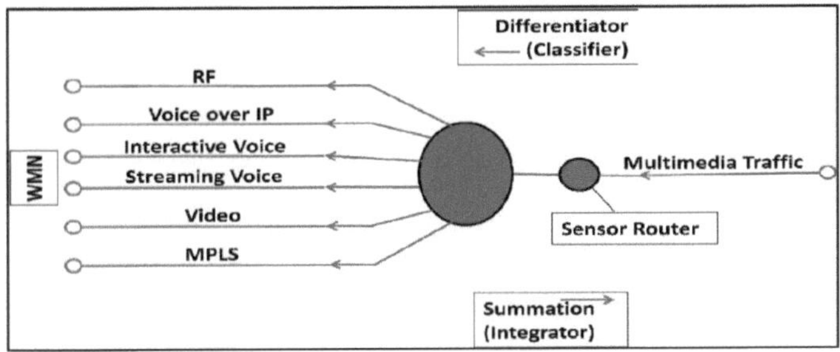

Rysunek 1.1: Ruch multimedialny w transmisji w sieci WMN

1.2. Cel badań

Badania przedstawione w niniejszej pracy mają wieloraki wkład w rozwiązywanie i optymalizację protokołu routingu WMN z wykorzystaniem technik inżynierii ruchu. Składki te są następujące:

1. Badanie protokołu routingu sieci bezprzewodowych mesh, przeglądane pod kątem ulepszeń, adaptacji i modyfikacji algorytmów. Podjęto również ocenę czynników projektowych infrastruktury oraz postępów algorytmów w protokole routingu WMN. Badaliśmy obecną migrację rozwiązań z większym naciskiem na dostosowanie inżynierii ruchu do sieci mesh. Ponadto przeanalizowano krytyczne przeglądy i analizę techniczną różnych konstrukcji i mechanizmów rozwiązań w protokole routingu WMN. Wprowadziliśmy również inżynierię ruchu (TE) jako wielowarstwowe rozwiązanie optymalizacyjne dla wyzwań protokołu routingu, takich jak różnorodność ścieżek, skalowalność, większa przepustowość, jakość usług i bezpieczeństwo.

2. Propozycja optymalizacji wieloprotokołowej z wykorzystaniem rozdzielczości projektowej w celu sprostania tym wyzwaniom, w tym zatorom, opóźnieniom i zakłóceniom wynikającym z wysokich kosztów ogólnych w wielo-radio- i wielokanałowej sieci WMN. Implementujemy technikę inżynierii ruchu nad protokołem routingu WMN (RP), aby

sformułować protokół o większej przepustowości pokrycia z szybkim, liniowo sekwencjonowanym i deterministycznym algorytmem do rozwiązywania problemów skalowalności, równoważenia obciążenia i obliczeń niskościeżkowych w WMN-RP. Dla WMN proponujemy adaptacyjny algorytm protokołu routingu ruchu link-state engineered-routing z najmniejszym kosztem (ALSTE-RP). ALSTE-RP jest porównywany do normalnej transmisji pakietów WMN, aby pokazać optymalizację opartą na wydajności.

3. Badanie modelowego podejścia do zarządzania inżynierią ruchu w celu rozwiązywania zagrożeń dla bezpieczeństwa sieci WMN i rozwiązywania problemów związanych z bezpieczeństwem w operacjach routingu i transmisji sieci WMN. Proponowany model inżynierii ruchu minimalizuje efekt uszczuplenia pasma, ataków zalewowych i rozproszonych odmownych usług (DDoS) w bezprzewodowej sieci mesh. Oferuje on nowy model rozwiązywania problemów bezpieczeństwa dla dynamicznej i rozproszonej sieci WMN poprzez podejście do zarządzania inżynierią ruchu.

4. Na koniec przeanalizowaliśmy osiągi stosowanej metryki i jej zalety, a także poruszono i omówiono otwarte kwestie badawcze. Konkludujemy i przedstawiamy pomysły na przyszłość, korzystając z wyliczonych i zaproponowanych projektów.

1.3. Przegląd sieci bezprzewodowej - inżynieria ruchu drogowego

Optymalizacja ruchu w sieciach bezprzewodowych mesh (WMN-TE) jest kooperacyjną i hybrydową techniką bezprzewodowej sieci infrastruktury mesh, w której funkcje transmisji w środowisku mesh są wzmacniane przez niskokomputerową konfigurację ruchu IP. Węzły IP sieci WMN i bramki routerskie dostępu do sieci infrastruktury szkieletowej są skonfigurowane tak, aby działały jako macierze ustawionych źródłowych pakietów danych i miejsc docelowych w routingiem ograniczonym z opóźnieniem w celu osiągnięcia WMN-TE.

WMN jest siecią samouzdrawiającą się, samokonfigurującą się i posiada wrodzoną odporność na uszkodzenia w stosunku do innych cech rdzeniowych sieci. Są to wyżej wymienione cechy charakterystyczne sieci, które skłoniły międzynarodowe organizacje normalizacyjne do określenia trybów pracy sieci mesh: IEEE802.11, IEEE802.15, IEEE802.16 i IEEE802.20. Te standardowe tryby są specyfikacją rozszerzeń dla sieci ad hoc. Ponadto optymalne kryterium projektowe oznacza, że sieć WMN ma inny zestaw celów wdrożeniowych niż punkt zastosowania w przypadku zmian w wymaganiach, takich jak zmiany topologii lub nieefektywność protokołów lub wadliwe działanie części funkcjonalnych.

WMN może funkcjonować jako sieć uzupełniająca i dostępowa do sieci bezprzewodowych lub sieci szerokopasmowych. Mobilność węzłowa i różnice topologiczne to dwa obszary, którymi WMN różni się od sieci ad hoc. Różnorodność topologiczna w tych sieciach przyczynia się do różnic w wydajności routingu. WMN to sieć przyszłości, która ma obiecujący potencjał komercyjny. Jego główne zalety to nieodłączna odporność na awarie sieci i zdolność do tworzenia wielu sieci, a w szczególności zdolność do szerokopasmowego przesyłu danych. WMN charakteryzują statyczne węzły przekaźnikowe sieci bezprzewodowych zapewniające rozproszoną infrastrukturę dla mobilnych węzłów klienckich w topologii mesh.

W celu poprawy przepustowości w sieci WMN, posiada ona dodatkową funkcjonalność stanu multi-radio (WMN-MR). Jest to niezbędne do wspierania zróżnicowanych potrzeb ruchu podczas transmisji multimedialnych. Te wieloradiowe specyfikacje w sieciach WMN są lepsze niż pojedyncza łączność radiowa i zapewniają różną szybkość transmisji danych w kanale. Protokół routingu WMN zależy od infrastruktury sieciowej. Zależy to również od topologii i różnych konstrukcji protokołu routingu bezprzewodowego mesh.

Projektowanie metryczne, niezawodność trasy, obliczenia napowietrzne i trasy, bilans obciążenia i wreszcie usuwanie awarii trasy to deterministyczne właściwości właściwości protokołu routingu w scenariuszu sieci bezprzewodowej. Oprócz wyzwań związanych z projektowaniem protokołów, WMN czasami stosuje rozwiązania i projekty na poziomie systemowym. Niektóre z nich to projekt systemu optymalizacji międzywarstwowej, projekt bezpieczeństwa i zaufania do sieci, projekty zarządzania siecią oraz projekty dotyczące niskiego poziomu sieci i wyzwań związanych z przetrwaniem.

Najpopularniejszą aplikacją ruchu w sieciach jest bramka poprzez transmisje internetowe. WMN działają jako sieć dostępowa do sieci internetowych i szerokopasmowych. W sieci ogólnokampusowej służy społeczeństwu z szerokopasmowym dostępem do Internetu dla jego firm i użytku domowego. W tej sytuacji pakiety głosowe i dane są przesyłane za pośrednictwem infrastruktury WMN, np. w usługach VOIP i aplikacjach Skype. W związku z tym konieczne stało się zapewnienie wsparcia i infrastruktury dla usług doręczania w czasie rzeczywistym i przy maksymalnym nakładzie pracy nad WMN. Kolejnym wyzwaniem w sieci WMN jest heterogeniczność warstw, ponieważ dane mogą przechodzić przez różne sieci przed ich dostarczeniem do WMN. Doświadczenia i analizy wynikające z jej wdrożenia oraz badania nad BMR stworzyły kluczowe wyzwania w zakresie skalowalności, rozszerzalności, niezawodności i poznawania. Doprowadziło to do krytycznego myślenia o usprawnieniu transmisji pakietowej w komunikacji WMN z wykorzystaniem inżynierii ruchu.

1.3.1. Wyzwania związane z projektowaniem protokołu routingu

W odróżnieniu od protokołu routingu dla sieci ad hoc, protokół routingu dla WMN różni się wieloma czynnikami: topologią sieci, scenariuszem sieci i różnymi kwestiami projektowymi, takimi jak metryka routingu, bilans obciążenia, koszty ogólne i mobilność węzła. Inne czynniki, takie jak niezawodność sieci, możliwość adaptacji trasy i infrastruktura pomocnicza, również odgrywają ważną rolę przy wyborze protokołu routingu. Jednak jednym z najważniejszych kryteriów efektywnego protokołu routingu jest przepustowość i minimalne koszty ogólne podczas przesyłania pakietów danych.

Projektowanie protokołu routingu jest więc ważnym aspektem przy projektowaniu WMN-MR, który z kolei zależy od projektu architektury WMN. Może to być również uzależnione od czynników wdrożeniowych lub możliwości zastosowania sieci. Jednak projekt protokołu routingu sieci WMN można podzielić na różne kategorie, np:

- Topologia routingu
- Szkielet routingu
- Informacje o przebiegu trasy

Protokół routingu może być płaski, hierarchiczny lub hybrydowy w oparciu o topologię protokołu routingu. W topologii routingu hierarchicznego, takiej jak na rysunku 1.2, poziom hierarchii routingu jest wbudowany w klienta mesh i węzły routera w sieciach mesh w taki sposób, że węzły wyboru ścieżki z niższego poziomu stopniowo wykorzystują informacje o węzłach wyższego poziomu do uzyskania ścieżki, takiej jak pokazano na rysunku 1.2. Z drugiej strony, protokół routingu płaskiego nie ma wyższego poziomu hierarchii. Każdy węzeł w strukturze znajduje swoją własną ścieżkę do celu. Ponadto istnieje również protokół routingu oparty na projekcie drzewa. Jest to sytuacja, w której routing szkieletowy jest zaprojektowany tak, aby tworzyć topologiczną sieć drzew. Przykładem tego jest technika routingu IP w sieci szkieletowej z wykorzystaniem protokołu STP (spanning tree). Zaprojektowany protokół routingu zaimplementowany na warstwie WMN może być szkieletowy lub bezkręgowy. W szkieletowym protokole routingu w sieci WMN, siatka może być zoptymalizowana pod kątem przepustowości, jakości usług i skalowalności sieci. Niektóre inne protokoły routingu wykorzystują mieszankę obu lub raczej segmentów sieci wykorzystujących różne protokoły routingu nazywane są hybrydowym protokołem routingu.

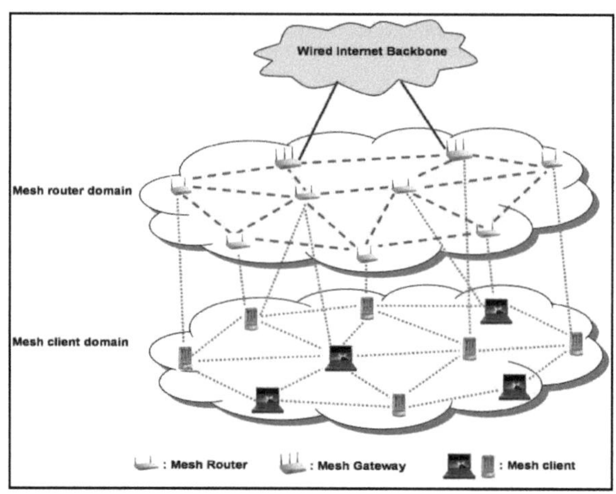

Rysunek 1.2. Scenariusz sieci bezprzewodowej Hierarchalna sieć bezprzewodowa typu mesh

Protokoły routingu są albo proaktywne albo reaktywne i otrzymują swoje nazwy poprzez mechanizm aktualizacji informacji, jak pokazano na rysunku 1.3. Proaktywne protokoły routingu, na przykład, okresowo aktualizują tabelę routingu o informacje dotyczące węzłów sieci mesh i routerów bez podpowiedzi z węzła komunikacyjnego, gdy znajdują się w protokole routingu reaktywnego; aktualizacja informacji jest przeprowadzana w wyniku próby komunikacji z innym węzłem w sieci poprzez podpowiedzi lub transmisję routingu. Przykładami protokołu routingu reaktywnego są protokół routingu wektorowego dalekiego zasięgu ad hoc na żądanie (AODV) i protokół routingu źródłowego dynamicznego (DSR), podczas gdy protokół routingu wektorowego dalekiego zasięgu sekwencjonowanego w Destination (DSDV) i zoptymalizowany protokół routingu link-state (OLSR) to typy proaktywne, jak pokazano na rysunku 1.3. Hybryda wykorzystuje zalety obu tych cech

jakość danych pakietowych sterowanych tabelami oraz jakość podejścia "na żądanie" w routingu danych pakietowych. Przykładem hybrydowego protokołu routingu jest protokół routingu strefowego (ZRP).

W komunikacji wielorodzajowej, wielohopowej i heterogenicznej metryka protokołu routingu jest ważnym czynnikiem projektowym. Określa on poziom akceptacji i oceny wskaźnika wydajności kluczowej w bezprzewodowych transmisjach sieciowych. Metryka routingu to waga, parametr lub wartość routingu, która jest ściśle związana z jego powiązaniami i ścieżkami. Liczniki Hop reprezentują najprostszą metrykę routingu w obliczeniach WMN.

1.3.2. Trasa siatki i spedycja

Bezprzewodowy routing sieci mesh jest otwartym tematem badań. Ramki pakietowe są kierowane przez bezprzewodową infrastrukturę mesh poprzez sieci szkieletowe lub węzły do routerów bramowych. Wybór ścieżki i przekierowanie siatki są wykorzystywane do zdefiniowania procesu wyboru ścieżki jedno- lub wielo-skokowej i późniejszego przekierowania przez te ścieżki do węzłów docelowych. Protokół routingu WLAN mesh adaptuje wcześniejszą pracę wykonaną przez grupę roboczą IETF-MANET oraz protokół STP (wireless spanning tree). Pakiety danych wykorzystują standardowy czteroadresowy format IEEE 802.11 z rozszerzeniami 802.11e do przesyłania znaczników 802.1Q oraz pewne dodatkowe informacje specyficzne dla sieci. Mesh path selection (Wybór ścieżki siatki) to komunikaty zarządzania bazą procesową dla wykrywania sąsiadów, pomiarów i utrzymania stanu połączeń oraz lokalizacji aktywnego protokołu wyboru ścieżki. Projekt standardu IEEE802.11s pozwala na implementację sieci WLAN z dowolną metryką wyboru ścieżki.

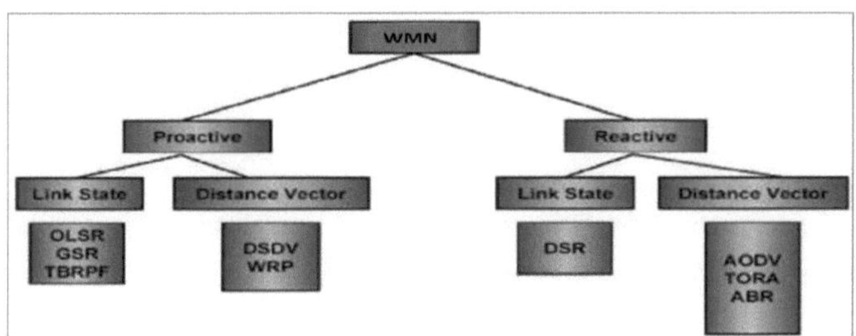

Rysunek 1.3: Protokoły routingu WMN

1.4. Cel i założenia tezy

Celem tej pracy jest zbadanie nowatorskiej techniki inżynierii ruchu protokołu routingu dla sieci WMN i bezpieczeństwa dla sieci rozległych kampusów. Pokazuje on również dającą się udowodnić siłę jako technika transmisji dostępowej dla sieci szerokopasmowych. Technika ta poprawi skalowalność przy zwiększaniu liczby wdrożeń sieci WAN i może być wykorzystywana do szybkiej, bezpiecznej transmisji przez sieci WMN. W związku z tym, że WMN ma problemy z protokołem routingu dla wielowarstwowego, niejednorodnego wykorzystania Internetu. Spowodowało to zmniejszenie ilości danych wyjściowych i ogólną niską przepustowość protokołu routingu.

Ponadto rozwiązuje on problemy topologiczne i usprawnia projektowanie szkieletu dla efektywnego routingu/przełączania pakietów danych z węzła klienta źródłowego do węzła docelowego. Eksperymentowano na protokole routingu WMN i zarządzaniu bezpieczeństwem, a wykonanie analizy za pomocą sprawdzonych pomiarów wskazało na walidację skuteczności w użyciu. Te przetestowane analizy obejmują wpływ niezawodności, przepustowości, kosztów trasowania, opóźnień od końca do końca, współczynnika realizacji dostaw, mobilności ruchu i skalowalności. Zostały one zamodelowane przy użyciu OPNET 16.0. Wyniki symulacji zostały obliczone w środowisku WMN i pobrane odczyty; metryka routingu jest stosowana do odczytów statystycznych dla relacji z algorytmem.

Uznano, że osiągnięto następujące cele:

- Planowany model ramowy i infrastrukturalny projekt architektoniczny środowiska WMN z importem inżynierii ruchu z VPN, MPLS i VOIP ruchu głosowego nad scenariuszem mesh.

- Opracowany algorytm podejścia do zarządzania opartego na bezpieczeństwie dla sieci WMN.

- Walidacja zoptymalizowanego wzmocnienia poprzez symulowane wzmocnienie wydajności w analizie.

- Uzupełnienie i rozszerzenie prognozy i hipotezy o wyniki pomiarów w czasie rzeczywistym.

- Walidacja skuteczności podejścia i technik w modelowaniu i symulacji inżynierii ruchu -MPLS w sieciach kratowych.

- Obserwowanie i identyfikowanie krytycznych różnic technicznych pomiędzy scenariuszem projektowym WMN a stanem początkowym przed optymalizacją.

1.5. Główny wkład w badania naukowe

1. Oparta na pomiarach analiza techniczna protokołów routingu WMN z proponowanymi poglądami na temat inżynierii ruchu nad protokołem routingu mesh. Klasyfikacja i otwarta analiza wyzwań badawczych.

2. Planowany projekt sieci WMN na terenie kampusu z importowanym ruchem VOIP, białej tablicy, VPN MPLS oraz konfiguracją inżynierii ruchu w celu dostosowania MPLS do transmisji z węzła źródłowego w infrastrukturze szkieletowej poprzez router wyjazdowy do węzła docelowego.

3. Bezpieczna transmisja pakietów danych inżynierii ruchu. Podejście oparte na zarządzaniu bezpieczeństwem inżynierii ruchu dla sieci WMN.

4. Wieloprotokołowa optymalizacja transmisji ruchu przez protokół routingu WMN z wykorzystaniem inżynierii ruchu MPLS VPN kodowanej transmisji przez środowisko kampusu mesh w celu wykazania wydajności w skalowalności, niezawodności i wyższej przepustowości wyjściowej.

1.6. Metodyka badawcza

Metodologia badawcza opierała się na trzyetapowej strategii osiągania celów i założeń przedstawionych w przedstawionych wkładach, które były następujące:

- Wstępny przegląd literatury;
- Formułowanie i analiza matematyczna; oraz

  Import bezprzewodowych modułów ruchu w modelu projektowym OPNET i jego inżynierii ruchu over mesh w celu weryfikacji wyników/wydajności i kodowania.

W początkowej fazie badano i analizowano przegląd literatury, w tym odpowiednie artykuły badawcze, prace badawcze, które obejmowały przebieg konferencji, opublikowane referaty, artykuły prasowe, a także standaryzację IEEE802.11n, propozycje, seminaria i białe prace na temat protokołów routingu WMN. Przeanalizowano i zapoznano się z propozycjami badawczymi czasopism z ogólnymi założeniami badawczymi i ich zastosowaniami. Następnie dokonano krytycznej analizy wyników i wieku prac badawczych. Istotne wyzwania i otwarte kwestie badawcze były odizolowane, badano również stopniową pracę nad tym tematem. Praca badawcza została wykorzystana do sformułowania wszystkich ważnych otwartych obszarów badawczych oraz do stworzenia formuły problemowej dla zamierzonej ścieżki badawczej.

Cel badań został oceniony w miarę postępu badań w realizacji projektu. Po przeglądzie literatury pojawiła się potrzeba opracowania punktu odniesienia, który posłuży jako punkt odniesienia dla porównania wyników badań i obserwacji proponowanych podejść poprzez symulacje. Przeprowadzono analizę matematyczną różnych parametrów, aby zdecydować się na najlepsze obliczenie wyboru trasy dla inżynierii ruchu WMN.

Aby zweryfikować wyniki proponowanych pomysłów, przeprowadziliśmy studium wykonalności dwóch programów do symulacji sieci. NS-2 i OPNET 16.0 zostały zbadane i wypróbowane. OPNET 16.0 okazał się jednak łatwiejszy w obsłudze i lepszy w modelowaniu i symulowaniu środowiska WMN w celu uchwycenia optymalizacji inżynierii ruchu poprzez import ruchu MPLS-TE. C++ / C- programowanie zostało wykorzystane do kodowania funkcji programu

1.7. Organizacja Teza

Teza jest ułożona w następujący sposób:

Rozdział 2 to krytyczna ankieta, która daje wgląd w wyzwania związane z protokołem routingu WMN. Ponadto zaproponowano w nim poglądy na temat inżynierii ruchu drogowego jako optymalizacji w celu usprawnienia trasowania i transmisji danych.

- Rozdział 3 wyjaśnia wydajność inżynierii ruchu jako techniki optymalizacji wykorzystującej ruch MPLS VPN importowany przez WMN, tworząc algorytm i obliczenia matematyczne derywacji w celu rozwiązania równania wyboru ścieżki.

- Rozdział 4 rozszerza możliwości inżynierii ruchu nad optymalizacją protokołu routingu WMN poprzez redefinicję nowego proponowanego podejścia do zarządzania bezpieczeństwem WMN. Potwierdza on poprawę bezpieczeństwa przesyłu i zdolności infrastrukturalnej do zabezpieczenia WMN.

- Na koniec, rozdział 5 stanowi końcową analizę i podsumowanie poprzednich rozdziałów oraz przyszłą propozycję optymalizacji inżynierii ruchu transmisji protokołu routingu WMN.

ROZDZIAŁ 2

Przegląd protokołów routingu w sieci Wireless Mesh Network: z poglądami na temat inżynierii ruchu drogowego

2.1. Streszczenie

Wireless Mesh Network (WMN) to rozwijający się heterogeniczny standard dla technologii sieci wielo-, wielo- i wielokanałowych. Ma on wiele potencjalnych korzyści handlowych i jest obecnie w trakcie szybkiego rozwoju badań i standaryzacji. Rosnące zapotrzebowanie na adaptacyjny i skalowalny protokół routingu dla heterogenicznej sieci wielohopowej typu mesh umożliwiło badania nad różnymi obszarami rozwiązań. Duże zapotrzebowanie na protokół routingu dla aplikacji obsługujących ruch multimedialny w czasie rzeczywistym z wynikającym z niego dużym ruchem pakietowym, w połączeniu z nieodłącznymi zakłóceniami i skalowalnością, stwarza potrzebę niezawodnego protokołu routingu. W artykule tym dokonaliśmy przeglądu różnych protokołów routingu pod kątem ulepszeń, adaptacji i modyfikacji algorytmów. Dokonano oceny czynników projektowych infrastruktury oraz postępu algorytmów w protokole routingu sieci bezprzewodowej mesh. Badaliśmy obecną migrację rozwiązań z większym naciskiem na dostosowanie inżynierii ruchu do sieci mesh. Ponadto przeanalizowano krytyczne przeglądy i analizę techniczną różnych konstrukcji i mechanizmów rozwiązań w protokole routingu WMN. Niniejszy rozdział jest porównawczym studium przeglądowym dotyczącym protokołu routingu sieci mesh, ale wprowadza również potencjalne możliwości badawcze w inżynierii ruchu jako rozwiązanie dla różnorodności ścieżek, skalowalności, jakości usług i bezpieczeństwa w protokołach routingu WMN.

2.2. Wprowadzenie

Wireless Mesh Network (WMN) [1,2] jak pokazano na rysunku 2.1 składa się z quasi-statycznych bezprzewodowych routerów siatkowych, punktów

dostępowych i węzłów-klientów. Routery WMN działają jako szkielet bezprzewodowej architektury mesh. Te bezprzewodowe routery szkieletowe mesh mogą być wewnętrzne lub zewnętrzne bramy dostęp do protokołu internetowego bezprzewodowej chmury. Pojawienie się WMN [3, 4] stworzyło nową, tanią sieć, łatwo skalowalną w dużych sieciach. WMN jest również samokonfigurującą się, szybko wdrażalną i interoperacyjną siecią bezprzewodową. Obecnie, wykorzystując różne formy ogólnej architektury i struktury, istnieje infrastruktura, nie-infrastruktura i typy hybrydowe WMN. Nieinfrastrukturalna sieć WMN nie posiada centralnego węzła, a jej wadą jest niższa prędkość przesyłu danych w porównaniu z wielohopową i heterogeniczną siecią WMN.
Niemniej jednak, jego naturalna łatwość samokonfiguracji, samouzdrawiania i samoorganizacji wykorzystuje zdecentralizowaną architekturę do skutecznego łączenia się i komunikowania z istniejącym protokołem sieciowym. WMN to infrastrukturalne sieci komórkowe. Sieć może być albo bez połączenia, albo zorientowana na połączenie w trakcie wykrywania trasy lub na etapie jej ustalania. Urządzenia typu mesh działają na bateriach i mają ograniczony zasięg transmisji radiowej, a transmisja ruchu do kolejnych węzłów mobilnych przecina łącza węzłów multi-hopowych przez punkty dostępowe (AP) do infrastruktury routera szkieletowego. Dlatego też, najbardziej rozległa architektura mesh jest hierarchiczna w topologii. W trybie transmisji WMN pakiety są przekazywane do górnego punktu dostępowego (AP), bramy szkieletowej lub mostu do chmury bezprzewodowej. Te techniki bezprzewodowego dostępu do sieci mesh zapewniają dodatkową łatwość integracji poprzez połączenie interfejsu międzysieciowego z innymi sieciami przewodowymi i standardami bezprzewodowymi, takimi jak bezprzewodowa sieć lokalna (WLAN), WiMAX (IEEE 802.16) i WIFI (IEEE 802.11n).

Wyjątkowa struktura architektury WMN, jak pokazano na rysunku 2.1, obejmuje jej solidność, niskie koszty, niskie zużycie energii, niezawodność i łatwość konserwacji. WMN może zatem służyć jako sieć dostępowa dla bezprzewodowych sieci szerokopasmowych, internetowych i innych bezprzewodowych sieci multimedialnych. WMN jest obecnie w trakcie rozwoju badań i standaryzacji przez Internet Engineering Task Force (IETF) [5-7]. Rozwój techniczny dotyczy obszarów badań w zakresie zwiększenia skalowalności dużych sieci, mobilności węzłów, bezpieczeństwa, jakości usług (QoS), różnorodności ścieżek, transportu i protokołu routingu. WMN posiada inne obszary wymagające poprawy, spowodowane koniecznością integracji z innymi istniejącymi standardami sieci bezprzewodowej lub przewodowej. WMN będzie potencjalnie tanim dostępem do bezprzewodowego, szerokopasmowego internetu społecznościowego (IEEE 802.20).

Jakość usług (QoS) i niezawodność w dużych sieciach są obecnie w fazie rozwoju, a jednocześnie trwa standaryzacja protokołu routingu bezprzewodowych oczek. Zaproponowano różne metryki, koszty routingu [8-12], dostosowania i modyfikacje projektu sieci [13-17] w celu dostosowania przepustowości regresywnej w miarę wzrostu wdrożenia sieci [1, 18-24]. Większość tych metryk odzwierciedla miarę oceny działania i koszt protokołu routingu. Te adaptacje i modyfikacje projektowe to przede wszystkim zmiany algorytmów, sieci wbudowanych i infrastrukturalnych w stosunku do tradycyjnego protokołu routingu sieci bezprzewodowej.

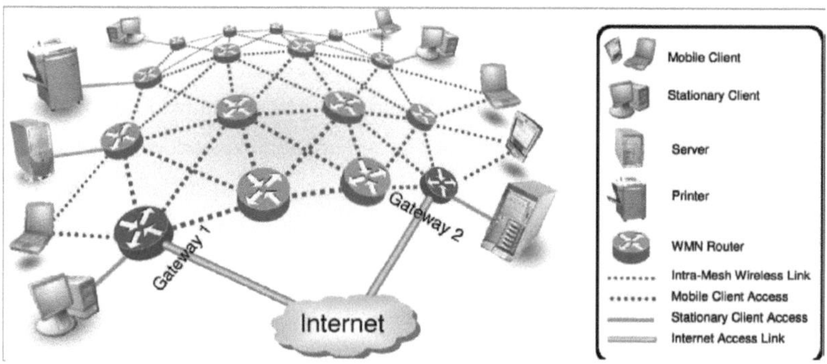

Rysunek 2.1: Scenariusz WMN z podłączonymi węzłami mobilnymi i routerami [2]

WMN będzie potencjalnie tanim dostępem do bezprzewodowego, szerokopasmowego internetu społecznościowego (IEEE 802.20), jak pokazano na rysunku 2.2. Struktura i charakterystyka architektury WMN to multi-hop w mobilności węzłów, położenie bezprzewodowego AP, rozmieszczenie routerów siatkowych oraz mechanizm routingu przedstawiony na rysunku 2.2. Protokoły routingu WMN są przeniesieniem z tradycyjnych bezprzewodowych sieci ad hoc [25-29].

Mobilna sieć ad hoc (MANET) [30-33] została później opracowana w celu rozwiązania problemów związanych z wysoką mobilnością routerów i węzłów - klientów w bezprzewodowym środowisku ad hoc. Różnice architektoniczne w sieci WMN w porównaniu z innymi sieciami bezprzewodowymi stworzyły nowe możliwości badawcze i stworzyły nowe wyzwania projektowe w zakresie mechanizmu routingu mesh, transmisji typu koniec-koniec oraz metryki sieci WMN. Ocena wydajności tych protokołów różni się pod względem mobilności węzłów, wielkości sieci i ruchu w sieci WMN. Architektura ta tworzy łańcuchy wielu sieci ad-hoc w strukturze hierarchicznej. Transmisja ruchu tworzy asymetryczny ruch komunikacyjny z większością pakietów ruchu skierowanych w kierunku routera bramy zewnętrznej przez wewnętrzne routery bramowe do bezprzewodowej chmury, jak pokazano na rysunku 2.2. Inżynieria tych ruchów jest również wykorzystywana przy opracowywaniu efektywnych algorytmów zwiększających łączność i dostęp do wielu ścieżek w aktualizacji tras i transmisji danych.

Porównawcza różnica w konfiguracji protokołów routingu sieci ad hoc, mobilnej sieci ad hoc (MANET) w porównaniu z protokołami routingu WMN [34-46] to zazwyczaj adaptacja projektowa w odniesieniu do bezprzewodowej sieci mesh, małej mocy i minimalnej mobilności routera. Mobilność bezprzewodowego routera mesh jest quasi-statyczna lub stacjonarna w porównaniu z routerami MANET, które są bardzo mobilne. Bezprzewodowe routery sieciowe ad hoc są również statyczne jak WMN. Te różnice w infrastrukturze sieciowej i mobilności routerów sieciowych stworzyły wyzwania badawcze przy migracji z MANET-u do WMN. Wyzwania w rozwijających się sieciach WMN dotyczą zwykle obszarów skalowalności, solidności i wydajnej konstrukcji szkieletowej z adaptacyjną wielokrotnością metryczną.

Udowodniono również, że planowanie i tworzenie punktów dostępu oraz inne aspekty projektowe mają wpływ na ogólną niezawodność i przepustowość sieci WMN.

Topologie i środowisko naturalne, takie jak środowisko miejskie i wiejskie, mogą również wpływać na wdrażanie i wydajność. Łatwość wdrożenia WMN i łączenia węzłów skierowała ten przegląd na rozwiązania w zakresie różnorodności ścieżek [47-58] oraz mechanizm kontroli przeciążenia [59-61] i rozwiązanie równoważenia obciążenia [62, 63] w WMN. Oceniliśmy również wybór tras i konserwację w sieci WMN, przeanalizowaliśmy wyzwania i rozwiązania w zakresie skalowalności w coraz większych sieciach WMN. Na koniec zbadano wydajność scenariuszy ruchu w scenariuszu multimedialnym i ruchu danych pakietowych w sieciach bezprzewodowych mesh.

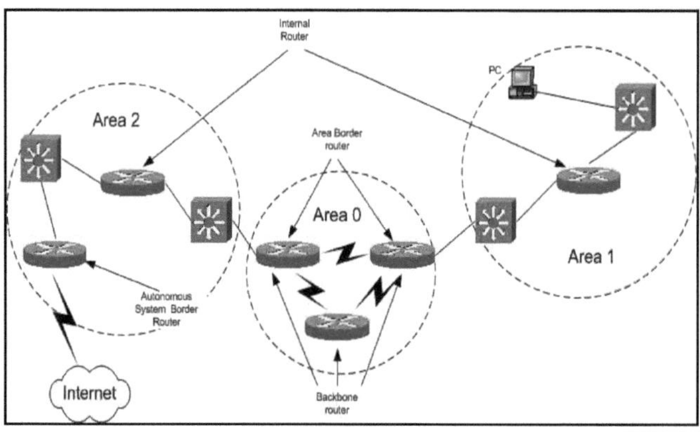

Rysunek 2.2: Węzeł źródłowy do bramek transmisji pakietowych w WMN [104]

Przeprowadziliśmy przegląd protokołów routingu WMN. Badania i obserwacje tych adaptacji i zmian w projekcie zostały przeprowadzone z wykorzystaniem odniesień z opublikowanych prac badawczych i czasopism. Te rozwiązania projektowe zostały ocenione pod względem porównawczej efektywności i niezawodności algorytmu protokołu routingu [64-67]. W związku z tym, że standardowy protokół routingu ma być niezawodny, wydajny i adaptacyjny dla różnych standardów bezprzewodowych działających w sieci WMN, zbadano potencjalne możliwości badawcze i otwarte obszary dla nakładów badawczych. W niniejszym opracowaniu porównano i oceniono migrację z ad hoc do MANET i WMN w odniesieniu do projektów protokołów routingu. Zbadano również najnowsze osiągnięcia badawcze w zakresie projektowania algorytmów i mechanizmów rozwiązań w sieciowym protokole routingu. W naszych badaniach nad ruchem i kompleksową transmisją danych, pakietów głosowych i wideo w protokole routingu skupiono się na wyzwaniach, ograniczeniach i zaletach istniejących protokołów routingu.

2.3. Powiązane prace nad Protokołami Routingowymi

Różne protokoły routingu sieci WMN zostały zaprojektowane w celu zapewnienia lepszego wyboru ścieżki, szybkiej aktualizacji routingu i konwergencji sieci. Ruch związany z wyborem trasy i powiadomienia o aktualizacji trasy są zazwyczaj jednościeżkowe i jednokierunkowe. Protokoły routingu są zazwyczaj dostosowane do topologii sieci, ustawień geograficznych, architektury sieci oraz mobilności routerów i klientów węzłowych [68-76]. Stanowią one podstawowe rozwiązania dla ograniczeń w ograniczaniu wyżej wymienionych odmian protokołów routingu w sieci WMN.

Technicznie istnieją dwa rodzaje protokołów routingu w sieci WMN: proaktywne i reaktywne (na żądanie) protokoły routingu. Są one tak zdefiniowane zgodnie z mechanizmem aktualizacji i utrzymywania stanów protokołu routingu. Konwencjonalnie, w środowisku sieci przewodowej, mamy odległe wektory i protokoły routingu link-state. Jednak w środowisku bezprzewodowym, protokół routingu na żądanie utrzymuje stan routingu poprzez aktualizację informacji o trasie na tablicy routingu lub w pamięci podręcznej, jako reakcję na zmiany topologiczne i wymagania. Z drugiej strony, proaktywny protokół routingu stale aktualizuje i utrzymuje stany routingu dynamicznie, bez podpowiedzi i zmian w węzłach lub sieci. Te aktualizacje są zazwyczaj komunikatami pakietowymi typu RReq (route request) i towarzyszącymi im odpowiedziami na trasy (RReply). Występują również powiadomienia o błędach/awarii na trasie (RErr) oraz inne potwierdzenia i alerty dotyczące konserwacji trasy.

W protokole routingu WMN wybór trasy i jej wyznaczanie to dynamiczne mechanizmy routingu kontrolowane przez protokół routingu; są one jednak ograniczone przez brak różnorodności tras i zatory. Mechanizm przyjęty przez protokół routingu zależy od klasyfikacji konstrukcji przyjętej w sieci bezprzewodowej. Tradycyjne bezprzewodowe sieci ad hoc, protokoły routingu wykorzystują albo proaktywny albo reaktywny mechanizm routingu w bezprzewodowych sieciach siatkowych są przeniesieniem starszych protokołów routingu ad hoc w sieci bezprzewodowej.

Tradycyjne protokoły routingu to przede wszystkim ad hoc protokół routingu na żądanie (AODV) [77-82], bezpośredni routing źródłowy (DSR) [83-85], protokół routingu wektorowego z sekwencją miejsc docelowych (DSDV) [86-88] oraz zoptymalizowany protokół routingu link-state (OLSR) [89-90]. Te tradycyjne protokoły routingu to albo reaktywne/na żądanie, albo proaktywne protokoły routingu oraz hybrydowe [91] typy, które są zazwyczaj połączeniem cech reaktywnych i proaktywnych protokołów routingu. Istnieją adaptacje rozwiązań lokalizacyjnych, geograficznych, topologicznych i energetycznych w celu uzyskania mechanizmu protokołu routingu.

Dla ułatwienia badań, porównania wydajności i analizy w naszym przeglądzie, przyjęliśmy cztery tradycyjne protokoły routingu; dwa protokoły routingu reaktywnego -DSR i AODV oraz dwa proaktywne -OLSR i DSDV. Dalsze analizy i porównania zostaną ocenione w tabelach 2.1 i 2.2. W projektowaniu algorytmów protokołu routingu skoncentrowaliśmy się na koncepcjach badawczych wykorzystujących trzy główne mechanizmy protokołu routingu, jak pokazano na rysunku 2.3.

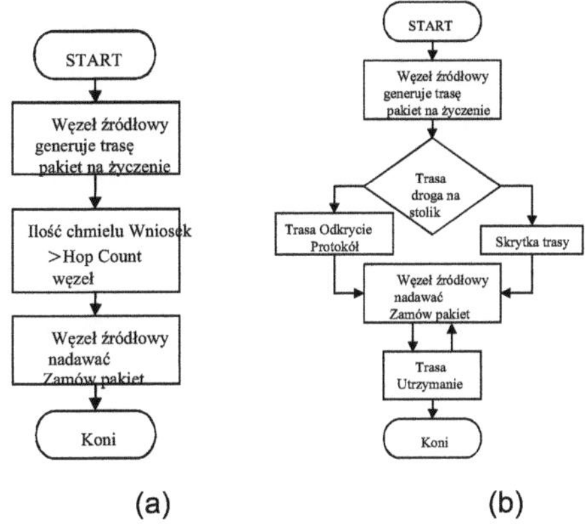

Rys. 2.3: (a) Proces żądania trasy routera, (b) Proces wykrywania i utrzymania trasy.

Proces utrzymania tablicy routingu w protokole bezprzewodowym polega na okresowej aktualizacji stanu łącza i węzłów mobilnych w sieci WMN. Te okresowe aktualizacje mogą być pakietami opisu protokołu link-state unit (LSP) lub pakietami komunikatów "hello". Szybkość konwergencji informacji w sieci jest czynnikiem deterministycznym dla wydajności protokołu routingu. Im większa prędkość tym bardziej efektywny jest protokół routingu w aktualizacji tabeli routingu, wyborze optymalnej trasy i nadawaniu. Ponadto, dostarczanie pakietów od węzła źródłowego do docelowego w sieci jest logiczną decyzją opartą na funkcjach algorytmu routingu. Algorytm protokołu routingu jest programem zarządzającym, który uruchamia protokół routingu sieci WMN. W ruchu w czasie rzeczywistym, szczególnie w transmisji strumieniowej multimediów, tj. ruchu wideo, transmisji głosu przez Internet (VOIP) i wieloprotokołowego przełączania etykiet (MPLS), pakietów zrzutowych, utraty ścieżki i zakłóceń zniekształca końcowy obraz i jakość usługi. Hybrydowy charakter WMN jest główną cechą, która umożliwia dodawanie nowych połączeń i integrację z innymi sieciami. Jednak ta cecha sprawia, że WMN jest podatna na zakłócenia, awarie tras, duże napowietrzne i opóźnienie, co powoduje przeciążenia i awarie łączności sieciowej.

Obecnie techniki routingu stosowane w sieci WMN są w większości pochodnymi lub adaptacjami tradycyjnych protokołów routingu bezprzewodowego. Istnieje wiele projektów standardów IETF i IEEE oraz badań nad protokołem routingu dla WMN [92-98]. Nie ma jednak ustalonych standardowych protokołów routingu dla WMN (IEEE 802.11s). W trakcie opracowywania protokołu routingu WMN podjęto wiele badań nad praktycznie każdym technicznym aspektem protokołu routingu. Prace badawcze te mają postać ławek testowych, teoretycznych i praktycznych rozwiązań proponowanych dla ulepszonego algorytmu routingu dla protokołu routingu WMN. Usprawnienie algorytmów może polegać na adaptacyjnym mechanizmie lub modyfikacji projektu. W rozwiązaniach topologicznych wykorzystuje się podejście polegające na wyborze lokalizacji do zarządzania.

Ponadto istnieją różne metody badawcze w zakresie rozwiązywania problemów związanych z protokołami routingu WMN, takie jak pochodne, adaptacyjne, kognitywne, geograficzne i wielometryczne rozwiązania. Ulepszona metodologia wariantowa doprowadziła w konsekwencji do analizy wzorca ruchu, która w większości przypadków proponuje protokół routingu z najlepszym wysiłkiem dla środowiska sieci bezprzewodowych, a nie optymalną metodę wyznaczania trasy przy mniejszym nakładzie pracy. Niemniej jednak, w przypadku rozwiązań z zakresu inżynierii ruchu drogowego (TE) [100104], najlepsze wyznaczenie trasy i optymalny wybór trasy są najczęściej rozważane przy użyciu projektów i adaptacji z zakresu inżynierii ruchu drogowego.

W ramach badań nad WMN prowadzone są aktywne prace badawcze mające na celu zwiększenie nowych możliwości badawczych w zakresie projektowania wielometrycznego, wielościeżkowego, wieloromieniowego i wielokanałowego w protokole routingu. Podczas gdy multi-metric bada kombinacje różnych metryk w celu osiągnięcia standardowej metryki dla kosztu trasy, multi-ścieżka wykorzystuje podstawowe zasoby fizyczne w celu stworzenia różnorodności trasy od węzła źródłowego do węzła docelowego w każdej transmisji WMN. Ponadto, zaproponowano rozwiązania optymalizacji międzywarstwowej zarówno dla wyższej jak i wyższej warstwy protokołu routingu WMN. W naszych badaniach dokonano przeglądu adaptacyjnych konstrukcji różnych algorytmów protokołu routingu dla tych rozdzielczości, jak pokazano w tabeli 2.1. Podobnie, obserwacje pokazują, że trwają badania i ocena wydajności efektywnych metryk wielokrotnych dla protokołu routingu WMN. (8-12)Wytrzymałość całej sieci WMN stworzyła badawcze otwory projektowe i optymalną adaptację do rozwiązywania problemów związanych z awariami/odzyskiwaniem łączy i usterek równoważenia obciążenia sieci (62-63). W niniejszym opracowaniu skupiono się bardziej na rozwoju badań nad algorytmami, a także na wielu adaptacjach projektowania protokołów routingu.

Podczas gdy nowe standardy są rozważane i testowane, inne modyfikacje protokołu routingu zostały zaproponowane jako ulepszone warianty i adaptacje tradycyjnych protokołów routingu WMN. W tym kontekście dokonaliśmy przeglądu protokołów routingu opartych na zagadnieniach łączności wielohopowej w odniesieniu do otwartych wyzwań badawczych. Następna część tego przeglądu zawiera dalsze porównanie różnych rozdzielczości protokołu routingu WMN.

2.4 Protokoły routingu bezprzewodowych sieci siatkowych

Obecne protokoły routingu pojawiające się w bezprzewodowej sieci mesh można zasadniczo podzielić na trzy typy:

- Proaktywne protokoły tras WMN
- Protokoły Reactive WMN Routing Protokoły
- Hybrydowe Protokoły Routingu WMN.

2.4.1. Protokoły proaktywnego wyznaczania tras

Proaktywne protokoły routingu, przedstawione w tabeli 2.1, utrzymują stan tablicy routingu poprzez okresowe aktualizacje węzła mobilnego (klientów) w WMN. W mechanizmie proaktywnym, informacje o routingu i linkach są aktualizowane bez zmiany topologicznej w WMN. Posiada on różne mechanizmy aktualizacji i różne rodzaje informacji mogą być przechowywane w tabelach routingu. Proaktywne protokoły routingu obejmują: protokół routingu sekwencyjnego wektorowego dalekiego zasięgu (DSDV), zoptymalizowany protokół routingu stanów połączeń (OLSR), protokół routingu rybie oko (FRP) [35], algorytm efektu routingu na odległość dla mobilności (DREAM) [36], protokół routingu stanów hierarchicznych (HSR) [37], routing adaptacyjny źródeł (STAR) [38], topologiczne przekierowywanie zwrotnej ścieżki transmisyjnej (TBRPF) [93], routing przełączników bramek klastrowych (CGSR) [39] oraz obsługa multimediów w bezprzewodowych sieciach ruchomych (MMWN) [40] - patrz tabela 2.1.

DREAM jest przykładem proaktywnego protokołu routingu, który wykorzystuje zarówno czujniki geopozycyjne (GPS), jak i mechanizm wymiany między węzłami lokalizacyjnymi. Współrzędne geograficzne są przechowywane w tabeli lokalizacji, a te wymieniają informacje okresowo. Ma mniej kosztów ogólnych z powodu urządzeń wspomagających lokalizację GPS. Częstotliwość okresowej aktualizacji jest dopasowana do zmian mobilności węzła. Mechanizm wymiany daje przewagę protokołowi routingu poprzez wykorzystanie mniejszej przepustowości w działaniu. Ten mechanizm aktualizacji lokalizacji oferuje kompletną aktualizację stanu łącza lub wektora odległości. Protokół routingu DREAM jest bardzo skalowalny. Wadą tego protokołu routingu jest jednak to, że węzły stacjonarne nie wysyłają komunikatów aktualizujących, co może zwiększać zakłócenia i powolną konwergencję w aktualizacji informacji o routingu. W związku z tym może dojść do pominięcia pełnego stanu informacji o przebiegu trasy. Niemniej jednak, DREAM oferuje lepsze dopasowanie mobilnych węzłów z aktualizacjami niż fishingye state routing.

Routing stanu rybactwa (FSR) jest proaktywnym protokołem trasowania. Jest to rozwinięta wersja Global State Rouuting (GSR) [41], ale redukuje ona aktualizacje GSR przy użyciu metody zakresu rybiego oka, w której aktualizuje pobliskie węzły przy użyciu wyższej częstotliwości niż w przypadku węzłów zdalnych. W ten sposób zmniejsza się rozmiar komunikatów o aktualizacji routingu. Skalowalność jest umiarkowana, ponieważ rozproszone częstotliwości aktualizacji informacji o routingu, zwłaszcza w zdalnych węzłach, powodują nieścisłości, gdy mobilność zdalnych węzłów wzrasta w WMN.

Protokół STAR wprowadza kolejny mechanizm aktualizacji oparty na algorytmie link-state. Router utrzymuje drzewo źródłowe, które zawiera informacje o linkach od źródła do najlepszych miejsc docelowych trasy. Ma on zmniejszone koszty ogólne w wyniku zastosowania algorytmu routingu o najmniejszym napędzie (LORA). W razie potrzeby stosuje również optymalne podejście do trasowania. Okresowe aktualizacje stanu połączeń są zastępowane lepszym mechanizmem warunkowego rozpowszechniania aktualizacji. Powoduje to zmniejszenie szerokości pasma nad głową i opóźnienie. Protokół STAR ma jednak wysokie koszty przetwarzania, ponieważ każdy z węzłów utrzymuje wykres sieci, a w przypadku węzłów wysoce mobilnych zużywa więcej pamięci i ma wysoki czas przetwarzania. Węzły mobilne zawsze mają potencjał zgłaszania różnych wykresów topologicznych do drzewa źródłowego i komplikowania aktualizacji informacji.

Hierarchalny protokół routingu stanu (HSR) jest protokołem routingu opartym na algorytmie linkowym. Opiera się ona na hierarchicznym adresowaniu tras i topologii. Każdy węzeł posiada hierarchiczny numer identyfikacyjny (HID), który jest używany w numerach dopasowywanych przy wysyłaniu pakietów od źródła do miejsca docelowego w sieci. Węzłom logicznym, zachowującym się jak algorytm klastra, przypisywane są adresy podsieci od najwyższego węzła na górze klastra do najniższego. Węzły te są połączone poprzez "tunelowanie" logicznie i dynamicznie. Aktualizacja informacji odbywa się poprzez zalewanie od góry hierarchii do najniższych węzłów. Węzły najniższego poziomu mają topologie warstwy fizycznej sieci. Zalety routingu na poziomie hierarchii polegają głównie na oddzieleniu poziomów w zarządzaniu mobilnością węzłową przy użyciu domowych agentów. Ma on również mniejszy stopień kontroli w porównaniu z FSR i innymi proaktywnymi protokołami routingu. Wykazuje on jednak te same wady co CGSR w zakresie utrzymania i zarządzania klastrami.

Obsługa multimediów w bezprzewodowych sieciach komórkowych (MMWN) jest również hierarchicznym protokołem routingu. Stan routingu sieci jest aktualizowany przy użyciu podejścia hierarchicznego w klastrach. Klaster posiada dwa różne rodzaje węzłów mobilnych: węzły mobilne punktu końcowego klastra i węzły przełącznikowe. W każdej grupie klastrowej mamy menedżera ds. lokalizacji, którego obowiązkiem jest w zasadzie zarządzanie lokalizacją dla grupy klastrowej. MMWN przechowuje informacje o swoich trasach w dynamicznie dystrybuowanej bazie danych. Jego zaletą jest mechanizm aktualizacji lokalizacji i wyboru lokalizacji, który zmniejsza koszty przetwarzania w porównaniu z innymi proaktywnymi protokołami routingu, takimi jak DSDV i HSR. Jest to adaptacja routingu opartego na klastrach-hierarchalnych i ma te same wady co KDP. Ponadto jego przetwarzanie w klastrach i złożone zarządzanie pozostawiają większe opóźnienie.

Zoptymalizowany protokół routingu link-state (OLSR) jest proaktywny i oparty na algorytmie link-state. W multi-hopowym bezprzewodowym protokole mesh jest to protokół routingu punkt-punkt, który utrzymuje topologię sieci poprzez okresową reklamę i wymianę komunikatów o stanie łącza. OLSR minimalizuje rozmiar każdego z węzłów kontrolujących komunikaty i wykorzystuje mechanizm przekaźnika wielopunktowego (MPR), w którym pewien zestaw węzłów jest wybierany przez każdy z węzłów mobilnych w sieci do retransmisji jego pakietów. Węzły mobilne, które nie znajdują się w zestawie węzłów retransmitujących, mogą przeglądać, uzyskiwać dostęp i przetwarzać każdy pakiet, ale nie mogą retransmitować.

Protokół routingu przełącznika bramka-głowica klastra (CGSR) jest rozwiniętym, opartym na klastrach, hierarchicznym protokołem routingu. Adresuje on węzły mobilne w grupach klastrów. Te grupy klastrów są zazwyczaj przypisane do głowicy klastra, która jest węzłem ruchomym. Węzeł głowicy kontroluje i zarządza transmisjami domen interklierowych i klastrowych. To z kolei łączy się z punktem dostępowym, który transmituje do routerów następnego poziomu, które mogą pełnić rolę bramek do chmury internetowej. Zaletą tego protokołu routingu jest to, że każdy węzeł mobilny utrzymuje trasy tylko do swojej głowicy klastra, redukując w ten sposób koszty ogólne wewnątrz węzła. Niemniej jednak, metoda hierarchii klastrowej powoduje powstanie wąskiego gardła w przypadku wystąpienia zatorów w sieci. Awaria węzła głowicy klastra powoduje zatory i duże opóźnienia od końca do końca.

OLSR dostosowuje komunikat powitalny do transmisji do węzła sąsiedniego typu next-hop, który decyduje o optymalnej ścieżce przy użyciu informacji powitalnej. Poszczególne węzły wybierają podzbiór jednoosobowego sąsiada, który znajduje się centralnie pomiędzy jego dwoma przeciwległymi ścieżkami. Tabela 1 ilustruje ocenę porównawczą proaktywnych protokołów wyznaczania tras. Proaktywny charakter tego protokołu routingu informuje sieć o najlepszej ścieżce przed przekazaniem pakietów.

Istnieją inne proaktywne protokoły i adaptacje lub nowe modyfikacje badawcze algorytmów. Protokoły routingu proaktywnego w zasadzie opierają się na tej samej zasadzie inicjowania najlepszej ścieżki i trasy docelowej przed transmisją pakietów danych z węzła źródłowego. Hierarchiczna topologia proaktywnych protokołów routingu działa lepiej niż topologia płaska. Protokół routingu DREAM był bardzo skalowalny i ma mniejszą kontrolę nad kosztami ogólnymi ze względu na szybszą wymianę informacji o routingu oraz wykorzystanie menedżera lokalizacji i selektorów. OLSR osiąga najlepsze wyniki porównawcze. Hierarchiczne protokoły routingu mają kontrolę i zarządzanie górną warstwą, co umożliwia lepszą kontrolę. Jego wadą są jednak wysokie koszty ogólne przetwarzania i opóźnienia. Coraz większa skalowalność i łączność sieci WMN odbywa się poprzez efektywne utrzymanie tras i kontrolę retransmisji lub retransmisji. Protokół routingu klastra ma wadę w postaci przewidywanego wąskiego gardła w łączności WMN przy awarii głowicy klastra.

2.4.2. Protokoły Routingu Reaktywnego

Protokoły routingu reaktywnego są algorytmami zaprojektowanymi tak, aby reagować na żądanie i tylko wtedy, gdy wymagają tego potrzeby routingu. Tabela 2.2 ilustruje tabelę protokołu reaktywnego z porównaniami, siłą i wadami. Protokoły routingu na żądanie, w odróżnieniu od proaktywnego protokołu routingu, posiadają wstępne rozważania projektowe dotyczące zmniejszenia kosztów ogólnych spowodowanych aktualizacją tabeli routingu, utrzymaniem tabel routingu i buforowaniem tras. Co więcej, ograniczają one konserwację tras, reagując tylko na trasy aktywne. Dlatego też protokół routingu na żądanie posiada inne mechanizmy wykrywania i utrzymywania tras. W protokołach reaktywnych, w przeciwieństwie do proaktywnych, proces wykrywania trasy wykorzystuje pakiet żądania zalania przez sieć. Węzły w miejscu docelowym odpowiadają na te zapytania z odpowiedzią na trasę i odpowiedzią na błąd, w zależności od przypadku. Protokołem routingu reaktywnego może być routing multi-hopping lub routing źródłowy. Pakiety są przekazywane do miejsc docelowych zgodnie z nagłówkami i adresami IP. Multi-hopping przechodzi przez węzły i węzły pośrednie na zasadzie "hop-by-hop", wymieniając informacje i przekazując tabele tras, inaczej niż w mechanizmie tras źródłowych, gdzie węzły pośrednie nie odgrywają żadnej roli w ustalaniu tras.

Istnieje wiele rodzajów protokołów routingu reaktywnego, w tym protokół routingu ad hoc na żądanie (AODV), dynamiczny routing źródłowy (DSR), acykliczna multiścieżka routingu na żądanie (ROAM) [42], algorytm routingu czasowo uporządkowanego (TORA) [43], routing wspomagany lokalizacyjnie (LAR) [44], routing oparty na klastrach (CBRP), routing wspomagany (ABR) [45] oraz algorytm routingu oparty na antykoloniach (ARA) [46] i wiele innych. Przeanalizowaliśmy i przeanalizowaliśmy niektóre z protokołów routingu reaktywnego, porównując ich zaadaptowane cechy, mocne i słabe strony, jak przedstawiono w tabeli 2.2.

Protokół routingu AODV posiada porównywalną charakterystykę techniczną protokołów dynamicznego routingu źródłowego (DSR) i protokołów sekwencjonowanego dalekiego zasięgu (DSDV). Ma jednak ulepszoną kontrolę nad przebiegiem trasy niż DSR w mechanizmie wykrywania trasy, ponieważ pakiety są kierowane tylko z informacjami o adresie docelowym, a nie z pełną informacją o stanie trasy, jak w DSR. Proces numeracji sekwencyjnej protokołu routingu DSDV jest również wykorzystywany przez AODV w sygnalizacji świetlnej i okresowej numeracji sekwencji pakietów. Odpowiedzi na trasy AODV zawierają adresy IP węzłów docelowych oraz numery porządkowe, w odróżnieniu od DSR, który przenosi każdy adres węzła wzdłuż trasy. Te zalety sprawiają, że protokół routingu AODV jest bardzo dobrze przystosowany do wysoce dynamicznych sieci, takich jak MANET i WMN, niemniej jednak jest on niekorzystny podczas wyboru trasy, ponieważ węzły mogą doświadczać ogromnych opóźnień. Ponadto, naprawa awarii łącza może zainicjować kolejny proces wykrywania trasy, który wprowadza dodatkowe opóźnienia i zużywa większą przepustowość wraz ze wzrostem skalowalności sieci.

Węzły protokołu dynamicznego routingu źródłowego (DSR) mają możliwość sprawdzenia najlepszych tras do miejsca docelowego przed rozpoczęciem procesu wykrywania trasy. Jest to możliwe, ponieważ DSR przechowuje w swojej pamięci podręcznej wiele adresów tras. Proces odkrywania i utrzymywania trasy nie wymaga okresowej aktualizacji sygnalizatorów świetlnych i ogłoszeń powitalnych. Oznacza to, że przepustowość może być zachowywana w sieciach bezprzewodowych mesh, a zasilanie węzła lub bateria mogą być zachowywane, gdy nie są w trybie aktywnym. Niemniej jednak, w wysokich sieciach komórkowych, takich jak MANET i WMN, DSR ma swoje wady. Mechanizm wykrywania i utrzymywania trasy wymaga, aby każdy pakiet zawierał pełne adresy od węzła źródłowego do węzła docelowego dla każdego skoku w sieci. Nieumyślnie oznacza to wysoką kontrolę napowietrzną, wysokie koszty przetwarzania i wysoką przepustowość na coraz większych rozmiarach sieci (niska skalowalność). To klasyfikuje DSR jako efektywne w małych i średnich sieciach.

Temporally Ordered Routing Protocol (TORA) jest ulepszoną wersją lekkiego protokołu routingu mobilnego (LMR). Wykorzystuje on proces odwracania i naprawy trasy. LMR wykorzystuje technikę zalewania do określenia wielu tras do miejsc docelowych, ale wybór trasy jest dokonywany przez następną bazę chmielową. Węzły wybierają następną dostępną trasę bez wykrywania trasy. Mimo, że daje to mniej kontroli nad trasą, to jednak powoduje wiele nieprawidłowych tras i nie zawsze wybierana jest trasa optymalna; z drugiej strony, TORA używa DAG zamiast żądania/odpowiedzi na trasy. W TORA, komunikaty kontrolne wysyłane do kolejnych węzłów sąsiednich są redukowane. Pomaga on w usunięciu mechanizmu przechowywania i na górze. TORA obsługuje multicasting w sieciach bezprzewodowych, ale musi być włączony. Może być używany jako LMR z adaptacyjnym multicastingiem (LAM). Ma ona jednak wady podobne do LMR w odniesieniu do nieważnych tras.

Protokół routingu wspomaganego lokalizacją (LAR) wykorzystuje proces algorytmu zalewania, podobnie jak DSR, ale redukuje on koszty kontroli poprzez wykorzystanie informacji o lokalizacji. Algorytm wykorzystuje czujniki węzła lokalizacyjnego, takie jak GPS. LAR może utrzymywać stany trasy poprzez użycie współrzędnych granicznych zapisanych w miejscu docelowym trasy poprzez żądanie trasy i potwierdzenia odpowiedzi. Wybierana jest najkrótsza odległość od miejsca docelowego. Może również korzystać z żądania strefowego w celu przekroczenia granic, w których pakiety mogą podróżować, aby dotrzeć do węzłów docelowych. Oba podejścia pozwalają na zachowanie przepustowości i ograniczenie napowietrznej kontroli w sieciach bezprzewodowych. Wadą jest to, że każdy węzeł ma posiadać czujnik GPS do aktualizacji lokalizacji. Ponadto, w związku z rosnącą wielkością sieci, sterowanie

Protokoły	RS	Liczba tabel	Freq. of Aktualizacje	HM	Węzły krytyczne	Charakterystyczne	Zalety	Wady
DSDV	F	2	Okresowa dynamika	Tak	Nie	Bez pętli	Sekwencjonowany i wolny od pętli	Wysoka kontrola nad głową
FSR	F	3 i wykaz	okresowy i lokalny	Nie	Nie	Częstotliwość kontroli aktualizacji	obniżony górny pokład	wysoka pamięć nadmiarowa i niedokładne informacje o sieci
DREAM	F	1	węzły mobilność w oparciu o	Nie	Nie	korzystanie z mobilności i aktualizacji 2 aktualizacje kontroli	Niska kontrola napowietrzne/ pamięciowe napowietrzne	Wykorzystuje GPS do działań lokalizacyjnych.
MMWM	H	1 baza danych	warunkowy	Nie	tak i LM	Użyj LORA i zredukuj napowietrzne sterowanie	niska kontrola nad głową	Tworzenie i utrzymanie klastrów
H - OLSR	F	3 (routing, topologia, sąsiad)	Okresowy	Tak	Tak i Głowica klastra	Użyj MPR, aby zredukować koszty ogólne sterowania	zmniejszona kontrola nad głową	2 chmielowe informacje o sąsiadach potrzebne do wytyczenia trasy
HSR	H	2 (stan i lokalizacja łącza zarządzanie)	podsieciowy okresowy	Nie	Tak, głowica klastra	struktura hierarchii i numer identyfikacyjny	Niska kontrola nad głową	wysoko przetworzony Czas
CGSR	H	2	Nie	Nie	tak i głowica klastra	Głowica klastra uaktualnienia wymiany	zmniejszona kontrola nad głową	Wysokie przetwarzanie i potencjał klastra-awaria głowicy Zatłoczenie
STAR	H	1&5 listy	Nie	Nie	Nie	używać ORA / LORA	niska kontrola nad głową	wysoka pamięć &przetwarzanie nad głową

Hierarchiczna struktura routingu architektury, F- Płaska struktura routingu architektury, LM- Kierownik lokalizacji, LORA- Najmniejsze podejście trasowania napowietrznego, ORA- Optymalne podejście napowietrzne, RS- Struktura trasowania koszty ogólne wzrastają, ponieważ każdy pakiet musi przenosić pełną informację adresową nad przekierowanym chmielem.

Routing oparty na asocjacji (ABR) wykorzystuje metodę zapytania o trasę/odpowiedzi do wyboru trasy. Wykorzystuje również okresowe sygnalizatory w łączeniu (asocjacji). Jest to źródłowo generowany protokół routingu. Asocjacja każdego węzła utrzymuje kleszcze, które są wybierane z preferencjami podanymi dla węzła o wyższej asocjacji w porównaniu z niższą asocjacją. Oznacza to, że wymagana jest mniejsza przebudowa trasy. Wybór trasy opiera się na stabilności tras i niekoniecznie na najkrótszej drodze do celu. Wykorzystuje on zlokalizowany protokół wyszukiwania usług w rozwiązywaniu problemów z łączami. Zaletą stosowania ABR jest oszczędność szerokości pasma i dłuższa trwałość tras dzięki stabilności. Wadą jest natomiast to, że ABR nie posiada wielu tras lub skrytek tras. Okresowa sygnalizacja świetlna ABR wymaga dużego zużycia energii i baterii węzłów, ponieważ węzły te muszą być aktywne.

Kolejnym przykładem algorytmów protokołu routingu acyklicznego na żądanie (ROAM) jest acykliczny protokół routingu wielościeżkowego (Routing on-demand). W celu wyeliminowania problemów zliczania do nieskończoności, wykorzystuje on koordynację międzywęzłową wzdłuż skierowanych ścieżek acyklicznych do tworzenia subgrafów, obliczanych z odległości routerów do węzłów docelowych przez proces zwany "obliczaniem dyfuzyjnym", dzięki któremu eliminuje się wielokrotne zalewanie na reaktywnym protokole routingu. Protokół aktualizuje się za każdym razem, gdy zmienia się odległość od routera do miejsca docelowego. Ponadto protokół ROAM zmniejsza ilość miejsca w pamięci masowej i przepustowość łącza, zachowując informacje o aktualizacji w tabeli routera, gdzie router pełni rolę węzła docelowego lub pośredniego.

Routing oparty na ant-colony (ARA) jest reaktywnym protokołem routingu, który przyjmuje cechy behawioralne swoich polowań na żywność, aby modelować swoje ścieżki i łączność z trasami. ARA jak AODV i DSR ma fazy procesu odkrywania tras i konserwacji. Podczas wykrywania trasy, mrówka forward (FANT) jest podobna do żądania trasy rozchodzącego się po całej sieci bezprzewodowej. Feromon, który jest zapachem szlaku pokarmowego, jest mierzony i podawany w zależności od ilości chmielu dostarczonego do miejsca przeznaczenia. Antena wsteczna (BANT) jest

Tabela 2.2: Porównanie do Protokołów Routingu Reaktywnego

Protokoły	RS	Trasa Różnorodność	Beacons	Mechanizm metryczny	Utrzymanie trasy	Strategia rekonfiguracji	Zalety	Wady	Charakterystyka i strategia
AODV	F	NIE	TAK	nowa trasa i SP	RT	RT	adaptacyjny do topologii o wysokiej dynamice	Problemy ze skalowalnością w dużych sieciach i koszty ogólne w hellos pakiety wiadomości	Następnie usuń trasę SN i naprawa trasy lokalnej
DSR	F	TAK	NIE	SP & next hop	RC	RC	różnorodność tras i łatwość połączeń	Zalewanie kosztów ogólnych i skalowalność na dużą skalę sieci z powodu routingu źródłowego.	Usuń trasę SN
LAR	F	TAK	NIE	SP	RC	RC	Zlokalizowane odkrycie trasy.	problemy z zalewaniem i koszty ogólne trasowania źródeł	Usuń trasę i SN
ARA	F	TAK	NIE	SP	RT	RT	lo w nad głową, obróbka niskich rozmiarów pakietów	odkrycie trasy zalewania koszty ogólne procesu i Opóźnienia	użyć alternatywnej trasy i przez powrót do nowej, następnej trasy
TORA	F	TAK	NIE	SP i następna dostępna trasa	RT	RT	wielokrotne trasy	tymczasowa pętla routingowa	Odwracanie połączeń i naprawy tras
ABR	F	NIE	TAK	Stabilny asocjacyjnie & SP	RT	RT	stabilność trasy i czas trwania TTL	problemy z skalowalnością	Użyj zapytania o lokalną transmisję
ROAM	F	TAK	NIE	SP	RT	RT	Przetwarzanie likwiduje problemy związane z poszukiwaniem nieskończoności	wysokie koszty ogólne kontroli w sieciach komórkowych	Usuń trasę i wyszukaj następną trasę poprzez obliczenie dyfuzji.

CBRP	H	NIE	NIE	następna dostępna trasa	RT @ klaster	Głowica RT i klastra	niska głowica klastra wymiana informacji o trasie wymiany	wąskie gardła w głowicy klastra i problemy z konserwacją i problemy z pętlami	Usuń węzeł i naprawy SN i trasy lokalnej

RC-trasa cache, F-flat, H-hierarchia, SP-krótsza ścieżka, SN-źródło węzła wrócił do źródła tą samą drogą. Trasa jest wyznaczana poprzez transmisję aktualizacji i ruchu sieciowego. Utrzymanie trasy jest rozwiązywane za pomocą przyrostu wartości międzywęzłowej feromonu w miarę transmisji danych. Śledzenie wsteczne do źródła od punktu awarii łącza węzłowego jest mechanizmem odzyskiwania awarii łącza. W sytuacji, gdy awaria połączenia nie zostanie znaleziona, wyszukiwanie trasy jest wykorzystywane do określenia nowej alternatywnej trasy. Ma on tę zaletę, że zmniejsza napowietrzne pakiety kontrolne BANTS i FANTS, ale ma również problemy z małą skalowalnością zwiększających się węzłów i ruchu z powodu zalewowego mechanizmu odkrywania tras.

Protokół routingu oparty na klastrach (CBRP), podobnie jak proaktywny protokół routingu, jest hierarchiczny w architekturze i podobnie jak proaktywny protokół klastrowy, każda grupa klastrów kontroluje i określa co dzieje się w klastrze. Klastry posiadają głowice klastrów, a wymiana informacji o routingu i ruchu danych jest koordynowana przez te głowice klastrów. Napowietrzne sterowanie jest zredukowane, ponieważ tylko głowice klastrowe wysyłają i odbierają dane. Hierarchiczna struktura może jednak tworzyć wąskie gardła w połączeniach i wysokie przetwarzanie. Powoduje to również opóźnienia w propagacji i powstawanie pętli.

W badaniu różnych typów protokołów routingu reaktywnego wykorzystaliśmy tabele porównawcze przedstawione w tabeli 2.2, aby podkreślić różnice, wyzwania i rozwój protokołów routingu na żądanie. Warto zauważyć, że istnieje kilka reaktywnych protokołów routingu, jednak nasza analiza w tym opracowaniu skupia się na tych wybranych.

Jest to połączenie właściwości routingu reaktywnego i mechanizmów proaktywnych. Jest on zaprojektowany w strefach działalności w celu zmniejszenia kosztów kontroli i czasu przetwarzania. W hybrydowych protokołach routingu strefy są zazwyczaj przypisane do różnych procesów routingu przy wyznaczaniu trasy i wyborze trasy. Proaktywny routing może być używany w węzłach peryferyjnych, podczas gdy zalewanie i odkrywanie tras są używane w węzłach centralnych. Strategia polega na wykorzystaniu cech, które wynikają zarówno z zalet procesów routingu proaktywnego, jak i reaktywnego, w celu stworzenia ulepszonego schematu routingu - hybrydowego.

Czynniki deterministyczne dla najlepszej wydajności spośród wyżej wymienionych protokołów routingu są zazwyczaj oparte na obciążeniu ruchem, gęstości węzłów i wielkości sieci. Przeanalizowaliśmy również wydajność protokołów routingu wykorzystując inne czynniki jako podstawę do porównania. W WMN mobilność węzłów jest ważną zmianą konstrukcyjną polegającą na odejściu od protokołów routingu ad hoc i MANET. Mobilność i przypadkowość ruchu w węzłach klienckich jest wprost proporcjonalna do obciążenia ruchem i równoważenia obciążenia. Ruch danych może być multimedialny, dwukierunkowy lub jednokierunkowy w sieci. Ponadto, może to być wybuchowy ruch, ruch samochodowy, ruch okresowy lub bardzo wolny. Zróżnicowanie ruchu ma ograniczający lub wysublimowany wpływ na ogólną metrykę wydajności. Ruch multimedialny i ruch IP mogą być wrażliwe na czas transmisji pakietów danych. W tak wrażliwej na opóźnienia kompleksowej dostawie pakietów, najlepsza wydajność jest zawsze czynnikiem wpływającym na ruch w sieci WMN. W scenariuszach transmisji wideo w czasie rzeczywistym i monitoringu skuteczność protokołu routingu odbija się na jakości wyświetlanego obrazu, co jest efektem działania sieci transmisji ruchu.

Rozkład gęstości węzłów wpływa na wymianę międzywęzłową i łączność w sieci. Węzeł reprezentuje klientów sieci komórkowych, którzy są odbiornikami w akcji. Koncentracja klienta sieci mesh w sieci WMN oznacza większą rywalizację o przydział kanałów i dostęp do łączy. Łączność będzie większa, co spowoduje więcej spadków pakietów, zwiększone zakłócenia i agregację opóźnień od końca do końca. Ponadto, pakiety transmisji danych będą miały krótkie połączenia i będą rozłączone. Retransmisja pakietów danych i potwierdzanie żądań trasy może być podatna na "pętlę" lub zliczanie do wyzwań nieskończoności. Pozytywnym aspektem jest szybsza konwergencja i krótka aktualizacja informacji o protokole trasy. Bateria węzłowa będzie lepiej zarządzana dzięki wysokiej wydajności energetycznej. Protokoły routingu oparte na klastrach najlepiej sprawdzają się w środowiskach WMN typu mesh o dużej gęstości. Hierarchiczne protokoły routingu stanów i protokoły routingu opartego na wektorach odległości mają większe opóźnienie w porównaniu ze stosunkowo mniej gęstym klientem sieci WMN typu mesh. W scenariuszu hierarchicznego protokołu routingu, klienci węzła peryferyjnego mają więcej wad w dostępie do dolnej warstwy dostępnego kanału spornego do transmisji pakietów danych do Access Pointów (AP).

W WMN trzeci czynnik - wielkość sieci, jest dobrze udokumentowanym i zbadanym zagadnieniem. Skalowalność w dużej sieci była dużym wyzwaniem badawczym dla WMN. Zaproponowano skalowalne wkłady w rozwiązania sieci mesh. Naturalnie, mniejsze sieci WMN mają mniejsze opóźnienia, mniejsze zakłócenia i mniejsze opóźnienia w porównaniu z sieciami metropolitalnymi i wielkopowierzchniowymi. Badania wykazały, że WMN będzie w największym stopniu wykorzystywana w przedsiębiorstwie wspólnotowym ze względu na łatwość jej wdrożenia i niskie koszty. Wiele algorytmów zostało opracowanych jako algorytm skalowalnego protokołu routingu dla WMN. Jako remedium na problemy związane ze skalowalnością zaproponowano również rozwiązania wielopromieniowe i wielościeżkowe. Zaproponowano również dalsze adaptacje na wielu ścieżkach z wykorzystaniem multi-gateway'ów jako rozwiązania w zakresie skalowalności i łączności. Niedawno Akyildiz i Chowdhury zaproponowali poznawcze rozwiązanie dla skalowalności [24].

Skalowalność dużych sieci bezprzewodowych WAN wykazuje coraz mniejszą prędkość konwergencji i agregacji sieci. Wykazuje duże opóźnienia w transmisji, więcej rozmów telefonicznych i zakłóceń. Transmisje ruchu multimedialnego doświadczają opóźnień i zniekształceń obrazu i wideo w czasie rzeczywistym. Opóźnienia i zakłócenia powodują zatory w bramie hierarchicznego protokołu routingu. Innymi słowy, skalowalność wpływa na inne czynniki w dużej transmisji ruchu WMN, zwłaszcza w przypadku zwiększenia rozmiarów węzłów i rozszerzeń liczby węzłów w sieciach WMN. Rozdzielczość tych usterek jest zazwyczaj stosowana w warstwie routingu sieci. Im bardziej efektywny jest protokół routingu w transmisji od źródła do miejsca docelowego, tym łatwiej sieć może rozszerzyć swoje urządzenia peryferyjne.

W "Zbiorczej analizie w badaniu protokołów routingu sieci bezprzewodowych" A. Zakrzewska i inni [87] przeprowadzili badanie i ocenę wydajności czterech tradycyjnych protokołów routingu sieci bezprzewodowych: AODV, DSDV, OLSR i DSR. W tabeli 2.3. przeanalizowano i zróżnicowano tradycyjne protokoły routingu. Główne wskaźniki do porównania to wielkość sieci, mobilność węzłów i obciążenie ruchem sieciowym. Narzędzie do symulacji sieci NS-2 zostało użyte do wdrożenia rozszerzonej sieci WMN WLAN w standardzie IEEE 802.11s. Scenariusz mobilności został włączony za pomocą losowego modelu waypoint. Węzeł rozpoczyna swój losowy ruch z prędkością (V) równomiernie rozłożoną. Skalowalność sieci badano dla różnych wielkości i wymiarów sieci przy użyciu klientów węzłów kratowych i routerów w prostych przyrostowych proporcjach. W celu zbadania możliwości protokołu wykorzystano różną architekturę sieci z losowo przesuwającymi się węzłami (klientami).

Przed wysłaniem pakietów przez sieć stosowano system gotowy do wysłania (RTS) i system Clear-to-Send (CTS). Na narzędziu symulacyjnym NS-2 wykorzystano różne wymiary i konstrukcje sieci, jak podano poniżej, przy prędkości ruchu 10m/s:

- 30 węzłów, 900 m * 300m, 10 routerów siatkowych
- 50 węzłów, 1500m * 300m, 16 routerów mesh
- 100 węzłów, 1500m * 700m, 32 routery mesh
- 150 węzłów, 1500m * 1100m, 48 routerów mesh 200 węzłów, 1500m * 1500m, 64 routery mesh.

AODV jest reaktywnym protokołem routingu sekwencyjnego zaprojektowanym dla MANET-u. Podczas wymiany informacji używa żądania/odpowiedzi dotyczących trasy do jej odnalezienia oraz sekwencyjnych numerów. Utrzymuje tylko adresy next-hopowe i jest bardzo skalowalny w stosunku do dużych sieci WMN. Co więcej, wykorzystuje się w nim metody wykrywania tras powodziowych i może to prowadzić do dużych opóźnień pakietów. OLSR jest jednak proaktywnym protokołem routingu, który wykorzystuje algorytm najkrótszej ścieżki w stanie połączenia. Działa on na zasadzie koncepcji przekaźników wielopunktowych (MPR). Komunikaty nadawcze i informacyjne są wymieniane między MPR, ponieważ proces wykrywania trasy jest zoptymalizowany z wykorzystaniem wszystkich nadawanych numerów kontrolnych. DSR jest również protokołem routingu reaktywnego z innym trybem wyboru i aktualizacji trasy. Odkrywa on stan routingu tylko wtedy, gdy jest on potrzebny. DSR używa żądania trasy i odpowiedzi podobnie jak AODV, ale w przeciwieństwie do AODV przechowuje w pamięci podręcznej całą informację o trasie sieci. DSDV jest jednym z najwcześniejszych protokołów routingu dla sieci ad hoc. Używa sekwencyjnych numerów do dokładnego przetwarzania danych, co pomaga zapobiegać powstawaniu pętli. DSDV jest protokołem opartym na tabeli, który zużywa zasoby sieciowe, gdy sieć jest stabilna. Są one oceniane porównawczo w odniesieniu do trzech krytycznych czynników, a mianowicie rozmiaru sieci, prędkości/mobilności węzła oraz obciążenia ruchem. Opracowano i zastosowano cztery metryki porównawcze i deterministyczne.

- Współczynnik dostarczenia pakietów: zdefiniowany jako suma pakietów dostarczonych do węzła docelowego w stosunku do sumy pakietów wysłanych z węzła źródłowego.
- Średnie opóźnienie od końca do końca: zdefiniowane jako średni czas potrzebny na dostarczenie pakietu danych przez sieć od węzłów źródłowych do węzłów docelowych.

- Przepustowość zagregowana: suma danych dostarczonych do wszystkich węzłów w sieci w danej jednostce czasu (sekundy).
- Routing normalizowany: stosunek wszystkich pakietów routingu wysyłanych do pomyślnie odebranych pakietów danych.

Ocena i wyniki przedstawione w tabeli 2.3 pokazują, że protokół routingu AODV wykazywał większą siłę niż inne protokoły routingu i w coraz większym rozmiarze sieci oraz wykazywał najmniejsze opóźnienie od końca do końca. Jego koszty ogólne są wprost proporcjonalne do wzrostu wielkości sieci. Wynika to z jego mechanizmu zalewania w procesie odkrywania trasy. Ma jednak najgorsze obciążenie sieci z powodu wyższych napowietrznych urządzeń sterujących wysyłanych przez sieć WMN. Jego wydajność w zakresie zwiększenia mobilności węzłów z 0 m/s do 10 m/s jest znacznie dobra, ale OLSR ma lepszą wydajność w porównaniu do wszystkich innych protokołów routingu. Z drugiej strony, DSR wykazywało się najgorszą wydajnością ze względu na cache routingu i czas potrzebny na aktualizację z cache'a. Przy obciążeniu sieci, DSDV i OLSR działały bardzo dobrze dzięki stałym, proaktywnym, okresowym aktualizacjom, które są stosunkowo stabilne. DSR wysyła powiadomienia o potwierdzeniu do wszystkich tras w sieci i nie jest skalowalny w WMN.

Zmiany topologii powodują, że protokoły routingu na żądanie często wysyłają więcej pakietów kontrolnych w celu zrównoważenia efektów. W końcowym teście, zwiększającym obciążenie sieci poprzez transmisję danych, AODV i DSR wykazały 80% dostawy pakietów w jednolitej sieci, podczas gdy proaktywne protokoły routingu również nie działały. Duże natężenie ruchu drogowego powoduje zatory i duże spadki połączeń. Powoduje to pogorszenie przepustowości sieci i wskaźnika dostarczania pakietów. Możemy zatem stwierdzić, że protokoły reaktywne działają dość lepiej niż proaktywne protokoły w zwiększaniu mobilności węzłów i obciążenia ruchem.

Nie ma najlepszego protokołu routingu, jak pokazała ta symulacja, ale mamy do czynienia z różnymi topologiami i metrykami dla różnych rozważań dotyczących routingu. Skalowalność została również zaobserwowana jako powracające wyzwanie w przypadku wszystkich protokołów routingu, ale AODV wypadł najlepiej w teście na wielkość sieci i rosnącą mobilność węzłów, co widać w rosnącej liczbie wysoko skalowalnych sieci WMN. DSDV wykazało niskie zapotrzebowanie na koszty ogólne przetwarzania. Z drugiej strony OLSR osiągał lepsze wyniki niż inne protokoły routingu w zakresie opóźnień end-to-end i współczynnika dostarczania danych. DSR wypadło najgorzej w większości testów, a jeszcze gorzej w sieciach o niskiej mobilności i małych sieciach, ponieważ źródło routingu i cache'owania stwarzają wysokie koszty kontroli. AODV osiągnęło najlepsze wyniki porównawcze, ale wykazało braki w zakresie całkowitego opóźnienia i niskiego poziomu kontroli sieci napowietrznej zwiększającej rozmiary sieci. Jego koszty ogólne można zmniejszyć poprzez staranne wyeliminowanie ilości wniosków i odpowiedzi na trasy w połączeniu z jego mechanizmem zalewania do wykrywania tras. Dlatego też skupiliśmy się na protokole routingu AODV. Uwzględniamy różne modyfikacje i warianty. Sprawdzamy porównawczą wydajność trzech testów, tak jak w przypadku tradycyjnych protokołów routingu ad hoc.

Tabela 2.3: Protokół wstępnego porównania tradycyjnych tras topologicznych

Protokoły	Metryka	Wiadomość nad głową	Konwergencja	Typ protokołu	Podsumowanie
DSR	Najkrótsza droga	Wysoki	Medium	Routing źródłowy	Trasa Odkrycie pamięci podręcznej (Route Discoverycache)
AODV	Najkrótsza droga	Wysoki	Medium	Wektor odległości	Odkrycie trasy Aktualizacja
DSDV	Najkrótsza droga	Wysoki	Szybko	Odległość Wektor	Tabela trasy Wymiana
TORA	Najkrótsza droga	Umiarkowany	Medium	Odwracanie połączenia	Aktualizacja pakietów
GRP	Ścieżka kierunkowa	Niski poziom	Szybko	geograficzny	Odkrycie trasy kierunkowej
HRP	Jakość połączenia	Wysoki	Medium	Hierarchiczny	Odkrycie trasy z Poziom klastra

Dlatego też w powyższym badaniu stwierdzamy, że AODV i OLSR osiągnęły najlepsze wyniki przy użyciu trzech parametrów testowych. DSDV wypadło relatywnie lepiej niż DSR w dostawie pakietowej, ale DSR wypadło bardzo dobrze w małych sieciach, ale w większości innych parametrów analizy porównawczej skalowało się słabo. Podsumowując, wszystkie tradycyjne protokoły routingu miały braki w zakresie skalowalności w dużych sieciach, dostępu do wielu ścieżek oraz ograniczeń przepustowości w przypadku dużego natężenia ruchu, takiego jak ruch multimedialny i wideo, jak pokazano na rysunku 2.4.

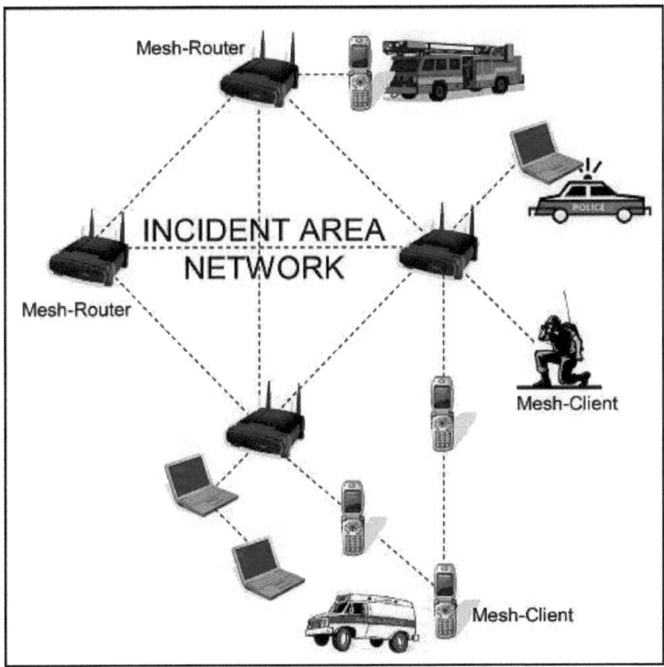

Rysunek 2.4. Multimedialny scenariusz sieci Wireless Mesh Networks dla sieci szerokopasmowych [105].

Protokół routingu wykazał wiele braków projektowych, zwłaszcza przy wykorzystaniu tradycyjnych protokołów routingu przez WMN, a także w nowoczesnych wymaganiach komunikacyjnych, tj. strumieniowej transmisji wideo, interaktywnych wideo i sieci szerokopasmowych.

Warianty tych starych tradycyjnych protokołów routingu badano w [30]. W ramach poszukiwania efektywnego protokołu routingu dla sieci WMN oceniono i przeanalizowano inne badania naukowe. Rozwiązania w zakresie różnorodności ścieżek zostały zaadaptowane i opracowane z wykorzystaniem algorytmów i konstrukcji wielościeżkowych [46]. V. Loscri, 2007 [47] zaproponował mechanizm skoordynowanego schematu rozproszonego (CDS) z równoległym trasowaniem wielu ścieżek przez IEEE 802.16. Narzędzie do symulacji NS-2 zostało użyte przy projektowaniu mechanizmu do budowy wielu ścieżek dla kilku węzłów źródłowych i docelowych. Ścieżki te są wykorzystywane w typach równoległych. CDS został włączony do warstwy MAC i porównany z jednokierunkowym protokołem routingu AODV. Tabela routera i adres docelowy są wybierane za pomocą wskaźnika na liście wielu ścieżek.

W innym badaniu [56] przeprowadzono symulację opóźnionego trasowania wielokanałowego w sieci WMN przy użyciu pierścienia tokenowego w siatce ze względu na charakterystyczną zdolność do wykorzystania wielu kanałów w sąsiedztwie. Został on zaimplementowany w standardzie IEEE 802.20 (mobilne łącza szerokopasmowe), jak pokazano na rysunku 2.4. Opóźnienia w łączeniu pierścieni i tworzeniu nowych pierścieni w dostępie do sporu o pierścień żetonowy. Sieć wielopunktowa, taka jak WMN, w której każdy punkt dostępowy działa jako urządzenie przekaźnikowe (router, mostek lub repeater) została wykorzystana. Maszyna państwowa została wykorzystana do realizacji wielokanałowej w WMN. Reguły i logika związane z opóźnieniami są wykorzystywane w rozproszonym algorytmie w siatce pierścieniowej do zarządzania zakłóceniami i kolizjami w pierścieniach.

Wykazał się większą wydajnością w zakresie przepustowości i opóźnień końcowych, ma jednak wysoki poziom kontroli nad kosztami ogólnymi i ewentualne opóźnienia wynikające z awarii faz stanu.

W rozwiązywaniu problemów związanych z zarządzaniem kierunkiem i lokalizacją w WMN zaproponowano dla WMN ortogonalny protokół routingu randek (ORRP) [49]. Trasa geograficzna z wykorzystaniem ID węzłów, ID do mapowania lokalizacji i technik lokalizacji węzłów była wykorzystywana jak w GPS. Wbudowana przestrzeń współrzędnych jest wykorzystywana do zmniejszenia dynamiki i złożoności wiązań i stanów potrzebnych do mapowania lokalizacji i węzłów ID. ORRP dobrze sprawdza się w sieciach o małym zasięgu i osiąga wysokie prawdopodobieństwo połączenia. Unika się powodzi i aktualizuje rozgłosy, które zmniejszają koszty ogólne. Można go porównać z wolnoprzestrzennymi antenami optycznymi, inteligentnymi i kierunkowymi. Jednak ORRP bardzo cierpi z powodu scenariusza wysokiej mobilności w WMN, a także ma problem z zapętleniem pętli. Potrzebuje on lepszego mechanizmu korygowania błędów.

Prosty oportunistyczny adaptacyjny protokół routingu (SOAR) [50] stanowi kolejne rozwiązanie protokołu routingu. Protokół routingu, który transmituje powiadomienia po wcześniej ustalonych ścieżkach, nie zawsze był skuteczny w WMN. SOAR rozwiązuje problem zużycia i powielania zasobów poprzez staranne wybieranie węzłów i stosowanie timerów opartych na priorytetach, które maksymalizują postęp przy niskiej koordynacji forwardowania pakietów. Wspiera on skuteczne lokalne ożywienie i bardzo dobrze radzi sobie z wieloma przepływami ruchu w sieci WMN. Jednakże, SOAR ma poważną wadę; został on przyrównany do algorytmów łączących najkrótsze ścieżki, które niekoniecznie wybierają optymalne ścieżki.

W zaproponowanym hybrydowym algorytmie routingu wykazano hybrydowe podejście do rozwiązania protokołu routingu. Algorytm jest dynamicznie modyfikowany w oparciu o wysokie i niskie węzły ruchome oraz statyczne routery. Zastosowano połączenie reaktywnego (DSR) i proaktywnego protokołu routingu. Algorytm Distributed Bellman-Ford (DBF) został zastosowany w celu uzyskania wydajności obliczeniowej, a także ze względu na charakterystyczne wykorzystanie mniejszej ilości pamięci masowej. Jednakże, DBF ma problemy z krótkimi i długimi pętlami oraz niską koordynację międzywęzłową wynikającą z szybkich zmian topologicznych. System wykorzystuje DSR dla węzłów o wysokiej mobilności i DSDV dla węzłów o niskiej mobilności. Zmniejsza on ruch informacyjny w sieci poprzez odrzucenie wiadomości z odpowiedzią na trasę, gdy docelowy węzeł został już wcześniej zauważony. Okresowe aktualizacje są kontrolowane, ale z wysokimi kosztami ogólnymi, a proces wykrywania trasy wprowadza problemy z pętlą w sieci.

Rozwiązanie problemu powolnej konwergencji w sieci WMN zostało omówione w artykule "Fast-converging distance vector routing protocol for WMN" [51]. Jest on odpowiedzią na wyzwania związane z opóźnieniami, które powodują największy wzrost kosztów ogólnych kontroli w sieci WMN. Cztery tradycyjne protokoły routingu zostały użyte do przeprowadzenia testu za pomocą oprogramowania symulacyjnego NS-2. Zastosowano algorytm routingu Bellmana-Forda. Ze względu na charakterystyczną powolną konwergencję zastosowano protokół routingu wektorowego. W artykule zwrócono uwagę na skutki aktualizacji ruchu sieciowego, wymiany danych oraz wpływ na sieci przy wykorzystaniu porównań wydajności. Zwiększając częstotliwość wymiany informacji w sieci, zwiększono kontrolę kosztów ogólnych, kontrolując w ten sposób aktualizacje tras poprzez zmniejszenie odstępu czasu między kolejnymi aktualizacjami, zrezygnowano z dodatków i mnożnikowego zmniejszania przyrostu (AIMD). Rozważano podejście polegające na precyzyjnym dostosowywaniu częstotliwości aktualizacji. Do aktualizacji, wymiany i stopniowej zmiany stanu zastosowano schemat detekcji węzła sąsiadów. Jako rozwiązanie zaproponowano algorytm protokołu routingu wektorowego z szybką konwersją odległości, ponieważ redukuje on przepustowość, sterowanie napowietrzne i przeciążenia w sieci WMN. W wyniku tego zwiększyła się również przepustowość. Pętla w WMN została ulepszona poprzez sekwencyjne znakowanie numerów węzłów, co pozwala na odróżnienie martwych tras od nowych tras w WMN.

Inne badania naukowe przyjęły różne podejścia i techniki w tworzeniu rozwiązań w zakresie kontroli kosztów ogólnych i przetwarzania protokołów routingu WMN. Kierunkowy protokół routingu AODV [52] został zaproponowany z wykorzystaniem wyzwań protokołu routingu na żądanie podczas odkrywania tras. Powodzie powodują wysoką kontrolę nad komunikatami i dłuższy czas ich przetwarzania. Algorytm D-AODV (ang. Directional-AODV) został zastosowany w sieci WMN w celu ograniczenia retransmisji wniosków i odpowiedzi na trasy. Dokonano tego poprzez zastosowanie ograniczonego mechanizmu kierunkowego zalewania. Liczba pakietów routingu (zalewania) została zmniejszona poprzez kierunkowe przekierowanie tych pakietów w kierunku węzłów bramki i routerów w WMN. W związku z tym zmniejsza się nadmiarowość retransmisji lub retransmisji, która wiąże się z wysokim zapotrzebowaniem na pasmo i efektywną transmisją. Podejście to opiera się na wiedzy o ścieżce poznawczej w kierunku węzłów bramowych. Wyuczone trasy są przechowywane w pamięci podręcznej, co umożliwia przekazywanie najnowszych pakietów danych w trakcie transmisji w celu uzyskania lepszej wiedzy na temat tras niż w przypadku węzłów. Wykorzystuje on metrykę hop-to-hop count, która jest porównywana z przepustowością, względną kontrolą kosztów ogólnych, średnią długością ścieżki i opóźnieniem pakietów danych od końca do końca. Wykazał on 47% lepszą wydajność w przypadku topologii losowej i 15% w przypadku topologii sieciowej. Założenia dotyczące kierunkowego przepływu ruchu danych z węzłów źródłowych do routera bramki docelowej są jednak przyjmowane jako normalna trasa w sieci WMN.

Inne, nowsze badania, wykorzystywały inteligentne i poznawcze techniki, takie jak inteligentny algorytm routingu multicastowego oparty na siatkach, wykorzystujący algorytm optymalizacji roju cząstek na żądanie (PSO-ODMRP) [53]. Technika roju cząstek wykorzystuje losową ruchomość węzłów sieci określoną przez roje cząstek w pracy. Wykorzystuje on proaktywny mechanizm routingu do utrzymania stanów i reaktywny mechanizm routingu w celu zmniejszenia wpływu dużych zmian topologicznych poprzez nabywanie tras na żądanie. Istnieją dwa rodzaje protokołów routingu multicastowego opartych na właściwościach behawioralnych. Pierwszy typ utrzymuje stany routingu, a drugi organizuje protokół w swojej globalnej strukturze danych przed przekazaniem pakietów multicastowych w transmisji. Protokół routingu multicastowego na żądanie (ODMRP) jest oparty na mesh i jest sterowany zapotrzebowaniem. Siatki są tworzone przez zestaw węzłów przekazujących dane, odpowiedzialnych za okresowe przekazywanie pakietów danych ze źródła do miejsca przeznaczenia. Drzewa wielowęzłowe są budowane przez źródło poprzez zalewanie pakietów kontrolnych, a przez łączenie zapytań wiadomości i odpowiednie identyfikatory węzłów są odbierane i używane w transmisji zwrotnej. PSO wykorzystuje naturalny przepływ ruchu drogowego, taki jak pogoda, teren lub zasilanie akumulatorowe, aby wskazać formę sprawnościową danej funkcji. Wykorzystuje również optymalne rozwiązania w zakresie wyszukiwania, a nie rozwiązania nieoptymalne. Wymiar prędkości cząsteczek jest modelowany dla najlepszej trasy przy użyciu NS-2 przez radio oraz modelu warstwy IEEE 802.11 MAC. Optymalizacja algorytmu modelu PSO-ODMRP wykazuje dobrą wydajność przy niskiej prędkości przemieszczania się, ale nie znajduje optymalnego rozwiązania w środowiskach o dużej prędkości przemieszczania się.

Głównym rozwiązaniem dla większości wyzwań w protokole routingu sieci WMN było zróżnicowanie ścieżek. Istniały różne techniki wykorzystujące wielościeżkowe rozwiązania problemów związanych ze skalowalnością w coraz większych sieciach, łącznością, dużą przepustowością, przeciążeniami i pętlami w protokołach routingu. W innym badaniu badano wykorzystanie hybrydowego schematu routingu w zabezpieczonej wielościeżkowej sieci WMN [54]. Podejście to uznawało WMN za sieć hybrydową. Podstawową ideą wykorzystania hybrydowych protokołów routingu jest jednoczesne wykorzystanie proaktywnego protokołu routingu w niektórych obszarach oraz reaktywnych schematów protokołu routingu w innych obszarach w tej samej sieci WMN.

Metoda kryptograficzna jest używana do zabezpieczenia transmisji od węzła źródłowego do węzła docelowego. Wykorzystuje on algorytm Forda Fulkersona [106] do wykonania maksymalnego przepływu i oblicza wszystkie możliwe rozłączone węzły. Pod względem obliczeniowym jest to bardziej złożone i bezpieczne. Architektura została podzielona na strefy działania dla różnych protokołów routingu. Proaktywny protokół routingu jest aktywny w szkielecie routera dla ścieżek komunikacyjnych w szkielecie wysokiego łącza, podczas gdy utrzymanie trasy odbywa się za pomocą reaktywnego protokołu routingu ze względu na jego mechanizm odpowiedzi na zmiany topologiczne. Jego zaletą jest mniejsze opóźnienie w wyznaczaniu trasy. Umożliwia on proces wykrywania trasy w celu jej wyznaczenia i utrzymania, obsługując prosty mechanizm uwierzytelniania zaprojektowany w celu zapewnienia niezawodności. Bezpieczne wielościeżkowe protokoły routingu są bardziej odporne na ataki inwazyjne niż zwykłe protokoły routingu. Klucz publiczny zapewnia autentyczność i integralność nowego węzła w sieci, a wiadomości są szyfrowane przez klucz prywatny węzła routera. Węzeł kliencki i węzeł routera szyfrują wiadomości za pomocą swoich kluczy prywatnych przed transmisją. Ma lepsze osiągi na trasie naprzemiennej, bezpieczeństwo i przepustowość, ale ma również stosunkowo wyższe koszty ogólne w porównaniu do innych technik wielościeżkowych.

Wyzwania związane z łącznością oraz kwestie związane z transmisją ruchu, takie jak zatory komunikacyjne, połączenia "drop call", tworzenie harmonogramów, ustalanie priorytetów i skalowalność, są obecnie analizowane i prowadzone są badania nad rozwiązaniami w zakresie sieci WMN. Problemy te mają wpływ na dane wyjściowe pod względem przepustowości, szybkości dostarczania danych, opóźnienia od końca do końca, szerokości pasma, napowietrznej kontroli i opóźnień w protokole routingu WMN. Jak wykazano powyżej, różne badania i analizy wykazały częściowe rozwiązania tych wyzwań w protokole routingu WMN. Najbardziej efektywnym i wszechstronnym rozwiązaniem była integracja niektórych z zalecanych mechanizmów rozwiązania oraz optymalizacja protokołu międzywarstwowego/ międzywarstwowego. Różnorodność ścieżek wykazała również skuteczność działania w stosunku do tych słabości protokołu routingu.

Poprawa wydajności zapewniona przez zróżnicowanie tras w środowisku multi-hopowej sieci WMN uwypukliła różne techniki i mechanizmy możliwe do wykorzystania przy wykorzystaniu zróżnicowania tras. Potencjały i zyski wykazane przez różnorodność kooperacyjną (kanał i ścieżka) są aktywnymi obszarami badań dla protokołu routingu w WMN. Routing wielościeżkowy jest również włączony w budynkach i wykorzystuje bezprzewodową redundancję zasobów w bazowych sieciach, takich jak odporność na uszkodzenia, równoważenie obciążenia, agregacja pasma i ulepszona metryka QOS w celu zapewnienia bardziej efektywnego routingu.

W transmisji ruchu, wybór trasy na dostępnych trasach alternatywnych wymaga efektywnej strategii i optymalnego algorytmu wyboru. Algorytm trasy wielościeżkowej może wybrać trasę nad innymi do przekierowania ruchu, wykorzystując jako kopię zapasową inne odkryte trasy lub trasy, które mogą być używane jednocześnie. Optymalna ścieżka wymaga najlepszej determinacji QOS i najlepszych wysiłków metrycznych. Wykorzystanie ścieżek jednocześnie może odbywać się przy użyciu priorytetów i dzielenia ruchu w celu zaspokojenia najlepszych QOS w transmisji. Schematy kodowania mogą być stosowane w celu ograniczenia nadmiarowości i przydziału pasma dla tego podziału ścieżki i transmisji ruchu.

Dla sieci bezprzewodowych ad hoc i MANET zaproponowano jednak inne rozwiązanie wielościeżkowe. Protokoły routingu ROAM, multi-path routing protocol (MP-DSR) [55], ad hoc on-demand multi-path destination sequence vector AOMDV [56] i split multi-path routing protocol (SMR) [57] wykorzystują różne techniki multi-path routing, aby pokazać poprawę wydajności w bezprzewodowych sieciach ad hoc. W WMN jednak architektura projektowa statycznego routera typu mesh oraz węzłów klienta sieci o wysokiej mobilności typu mesh sprawia, że przy projektowaniu algorytmu konieczne jest zastosowanie podejścia WMN o niskim poziomie baterii i infrastruktury. Należy również wziąć pod uwagę powiązania i hierarchiczną strukturę warstwową WMN.

2.5. Inżynieria ruchu drogowego Otwarte możliwości badawcze

Po przeanalizowaniu słabości i wyzwań w większości algorytmów i mechanizmów protokołu routingu, możemy skutecznie wydedukować z tych wszystkich analiz, obserwacji częściowych rozdzielczości i modyfikacji. Dalsze obserwacje ujawniły, że większość rozwiązań to zazwyczaj wbudowane, infrastrukturalne algorytmy projektowe i warianty - schematy ulepszeń w rozdzielczości dla nowego protokołu routingu. Wyzwania w protokole routingu WMN, zwłaszcza w tradycyjnych protokołach routingu: AODV, DSR, OLSR i DSDV, stworzyły możliwości badawcze w zakresie rozwiązywania problemów związanych z skalowalnością, awariami/odzyskiwaniem łączy, różnorodnością ścieżek, agregacją szerokości pasma i usterek równoważenia obciążenia sieci. W poprzednich rozdziałach tego rozdziału skupiliśmy się na rozwoju badań nad algorytmami oraz na różnych adaptacjach projektowania protokołów routingu [107-109]. Ponadto przeprowadzono ocenę uchwał z wykorzystaniem rozwiązań infrastrukturalnych i projektów. Analiza porównawcza stosowania technik adaptacyjnych i wyzwań związanych z częściowym rozwiązaniem wskazuje na potrzebę kompleksowego podejścia do problemów w protokole dotyczącym tras WMN.

Podkreślono istotne obszary wyzwań badawczych, takie jak równoważenie obciążenia, zróżnicowanie ścieżek, bezpieczeństwo transmisji danych, łączność, kontrola przeciążenia i agregacja przepustowości jako dominujące słabe strony protokołu routingu WMN. Słabości te mają wpływ na czas przetwarzania trasy, wyznaczanie i wybór trasy oraz związane z tym koszty ogólne przetwarzania.

W związku z wyróżnionymi zagadnieniami wprowadzamy inżynierię ruchu (TE) [110112] jako otwartą możliwość badawczą. Oferuje, w przeciwieństwie do starszych metod, wieloadresowy Internet Protocol i kompleksowe rozwiązanie w zakresie rozwiązywania tych wyzwań i niedoskonałości protokołu routingu WMN. Ponadto umożliwia on podejście do projektowania ruchu dla mechanizmu transmisji w routerze do routera i węzłów pośrednich z rozdzielczością połączeń, których unika się dzięki przełączanym ścieżkom oznakowanym w warstwie routingu sieci.

Korzystając z analizy asymetrycznej komunikacji przepływowej w protokole routingu WMN, obserwujemy, że chmura Internet Protocol jest zazwyczaj końcowym miejscem przeznaczenia większości ruchu danych. Adresacja protokołu internetowego jest bardziej efektywnym sposobem uchwycenia topologii sieci i dostępu do połączeń [109]. Mechanizm wykrywania i utrzymywania trasy wymaga, aby każdy pakiet zawierał pełne adresy od węzła źródłowego do węzła docelowego dla każdego skoku w sieci. Nieumyślnie oznacza to wysokie koszty ogólne związane z kontrolą i przetwarzaniem oraz wysoką przepustowość przy zwiększającej się wielkości sieci (niska skalowalność). Zastosowanie adresowania i konfiguracji inżynierii ruchu IP skraca czas przetwarzania i pozwala na wykorzystanie niskich kosztów ogólnych. Adresacja IP i algorytm szybkiego przechwytywania danych zbiegają się szybciej niż starsze wersje.

Większość węzłów mobilnych działa jako stacje nadawczo-odbiorcze, ich adresowanie IP jest zazwyczaj najlepszą formą rozwiązania problemu awarii łącza. Protokół internetowy Sieć ścieżek wirtualnych MPLS (VPN) tworzy bezpieczną ścieżkę transmisji dla powiadomień i potwierdzenia ruchu protokołu routingu. Ponadto kieruje on dane o ruchu do miejsca docelowego przy zmniejszonych zakłóceniach [110]. Poprawia również kontrolę nad zatorami poprzez łączność z wykorzystaniem zabezpieczonego rozwiązania wielościeżkowego dla ruchu i transmisji danych w sieciach.

Wyzwania związane z badaniami dotyczącymi warstwy trasowania, takie jak skalowalność, łączność, zakłócenia i zatory, są lepiej rozwiązywane za pomocą mechanizmu inżynierii ruchu. Inżynieria ruchu wykorzystująca technikę MPLS tworzy dodatkową, wielościeżkową trasę hamowania w celu lepszej kontroli zatorów i odzyskiwania awarii łącza [110]. Poprawia to również skalowalność sieci poprzez stworzenie środowiska o wysokiej przepustowości. Ścieżki alternatywne mogą być skonfigurowane jako łącza dostępowe w sieci szerokopasmowej i dostawcy usług internetowych w celu agregacji wielu przepustowości w protokole routingu WMN. Koncepcja ta stanowić będzie techniczne odejście od typowo przyjętego mechanizmu, który dominuje w większości badań. Efektywne projekty technik i algorytmów zarządzania ruchem są wykorzystywane jako rozwiązanie pozwalające na osiągnięcie lepszej skalowalności z lepszym równoważeniem obciążenia, różnorodnością ścieżek i rozwiązaniami łączności tras. Hybrydowe hybrydowe projekty routingu wielościeżkowego [112], takie jak użycie warstwy MPLS 2.5 przełączania routingu na protokole routingu WMN, ułatwiają bardzo potrzebne rozwiązania w protokole routingu WMN.

Zastosowanie inżynierii ruchu MPLS (MPLS-TE) [111] wykazało znaczną poprawę agregacji pasma i mechanizmu równoważenia obciążenia w warstwie routingu WMN. Multi-Protocol LAN Switching (MPLS) tworzy bilans ścieżek transmisji pakietów i przepływu danych. Ponadto tworzy on ścieżkę dla retransmisji komunikatów i powiadomień o awarii podczas przesyłania potwierdzenia w protokole routingu. Adresacja protokołu internetowego i konfiguracja projektowa tego tunelowania w odniesieniu do sieci WMN zapewnia wysoki QOS w sieci WMN [112]. Dostosowane usprawnienia w obliczeniach konfiguracji poprawiają skalowalność, agregację pasma, równoważenie obciążenia i zmniejszają opóźnienia związane z zatorami. Zwiększa również odporność na uszkodzenia i stabilność tras w transmisji ruchu multimedialnego w sieci WMN w porównaniu z innymi wariantami i tradycyjnymi protokołami routingu, jak wcześniej omówiono.

W protokole routingu WMN, architektura i działanie z naszych badań pokazują, że istnieje asymetryczna transmisja ruchu począwszy od węzła peryferyjnego do punktu dostępowego (AP), a następnie dalej do szkieletu protokołu routingu/bramy wewnętrznej do chmury bezprzewodowej. Ten przepływ ruchu w protokole routingu sieci bezprzewodowej mesh tworzy rozwiązanie reengineering ruchu, które jest odstępstwem od zwykłej sprzętowej rozdzielczości infrastruktury sieciowej. Jest to analogiczne do rozwiązania problemu zatłoczenia dróg poprzez budowę nowych dróg dojazdowych w celu zmniejszenia natężenia ruchu lub wprowadzenie sygnalizacji świetlnej w celu kontroli natężenia ruchu i wykorzystania dróg. Oba są dobrymi koncepcjami w zależności od projektu ruchu i jego mechanizmu działania.

Bezprzewodowa siatkowa inżynieria ruchu sieciowego (TE) jest mechanizmem osiągania efektywności poprzez manipulację ruchem w celu dopasowania zasobów sieciowych. Można go skonfigurować poprzez adresowanie IP, routing IP i konfigurację. Ponadto, inżynieria ruchu może być osiągnięta poprzez zmianę metryki IP interfejsu w dużych bezprzewodowych sieciach typu mesh; może to jednak spowodować ogromne koszty ogólne w dużej sieci. Wieloprotokołowe przełączanie LAN (MPLS) pomiędzy warstwami 2.5 a 3 modelu warstwy OSI może rozwiązać te problemy poprzez inteligentne mapowanie dwóch lub więcej rozbieżnych architektur, protokołów routingu, przestrzeni adresowych, protokołów sygnalizacyjnych, alokacji zasobów, a nawet zwiększonego dostępu do pasma.

2.6. Inżynieria ruchu drogowego MPLS i tunelowanie IP

Wieloprotokołowe przełączanie etykiet (MPLS) umożliwia zastosowanie mechanizmu inżynierii ruchu w sieciach bezprzewodowych mesh, które są niezależne od tablic routingu. MPLS jest również niezależny od jakiegokolwiek protokołu routingu, co skutkuje mniejszym czasem przetwarzania i kosztami ogólnymi. W sieci może ona działać jako niezależna lub łączyć się z istniejącym mechanizmem obwodów przełączających w celu zapewnienia usług routingu i funkcji bramki, czasami w razie potrzeby. Technika ta różnicuje priorytet przepustowości i dostępu, a tym samym poprawia czas przetwarzania oraz obniża koszty ogólne i opóźnienie.

Jak pokazano na rysunku 2.5, działa on na zasadzie przypisywania krótkich znaczników etykiet do pakietów sieciowych (pakietów danych); znaczniki te mają postać 20 bitów nieoznaczonej liczby całkowitej, niosącej szczegółowe informacje o mechanizmie osiągania transmisji danych od końca do końca przez sieć. Techniki inżynierii ruchu polegają na tworzeniu ścieżek komutowanych etykietami (LSP) pomiędzy routerami mesh w bezprzewodowej sieci mesh. Te przełączane ścieżki są zorientowane na połączenie i zapewniają alternatywną ścieżkę od źródła do docelowego ruchu pakietów bez przechodzenia przez następny węzeł lub zestawy węzłów transmisji hops. Celem inżynierii ruchu w warstwie sieciowej jest zapewnienie ruchu w sieci opartego na priorytetach i wrażliwego na czas w krótszym czasie. Ponadto, enkapsulacja tej ścieżki przełączanej Label w inżynierii ruchu drogowego umożliwia bezpieczną ścieżkę dla transmisji danych. Lokalizacja geograficzna, jak w proaktywnym protokole routingu DREAM, może być śledzona za pomocą adresów IP i adresów MAC mobilnych węzłów stacjonarnych w sieciach WMN. W operacji warstwy routingu, pakiet danych transmitowany jest z jednego routera do drugiego, przy każdym skoku podejmowana jest niezależna decyzja logiczna o przekierowaniu. Sprawdzany jest nagłówek warstwy sieciowej IP, a next-hop wybierany jest na podstawie metryki oraz informacji z tabeli routingu. W operacji MPLS, analiza nagłówka pakietu jest wykonywana tylko raz, gdy pakiet wchodzi do chmury MPLS [111]. Zapewnia to mniejsze koszty ogólne i szybkość konwergencji od źródła do miejsca przeznaczenia w sieci WMN. Bezprzewodowa sieć mesh z obsługą MPLS jest wysoce skalowalna. W operacji MPLS, pakiet jest przypisany/oznaczony do strumienia ruchu zidentyfikowanego przez etykietę, która jest krótką (20-bitową), stałą wartością długości z przodu pakietu. Etykiety te są odwzorowane w tabeli przekierowania etykiet. Tabela ta przechowuje informacje o przekierowaniu ruchu, a etykiety takie jak klasa usługi są wykorzystywane do ustalania priorytetów pakietów przed transmisją, tj. VOIP, Skype i MPLS.

W tych badaniach doszliśmy do wniosku, że większość wyzwań i problemów z protokołem routingu WMN to błędy transmisji i nieefektywność algorytmów/mechanizmów. W niektórych istniejących protokołach routingu, częściowe rozwiązania słabości generują inne wyzwania i słabości. Przy rozwiązywaniu tych problemów dokonano oceny rozwiązań i ich mechanizmów na podstawie istniejących protokołów routingu. Dlatego różnorodność ścieżek w transmisjach pakietowych zapewni efektywne rozwiązanie w protokole routingu WMN. MPLS umożliwia wiele alternatywnych transmisji i routingu pakietów w sieciach WMN. Mechanizm ten, działający w ramach sieci bezprzewodowej, zapewnia bezpieczną transmisję ruchu i zróżnicowanie ścieżek w sieci. Ponadto zapewnia on bezpieczną ścieżkę dla enkapsulacji danych i tunelowania tych pakietów, filmów i ruchu głosowego, zwłaszcza w tunelowaniu IP VPN. Co więcej, MPLS-TE zapewnia dobre zrównoważenie obciążenia i lepszą łączność, szczególnie w przypadku wywołań zrzutowych w warstwie routingu WMN.

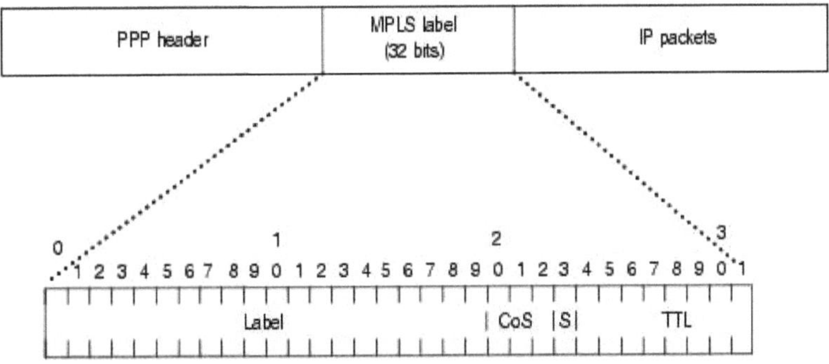

Etykieta: Wartość etykiety, 20 bitów

CoS: Klasa usługi, 3 bity (znane również jako bity eksperymentalne)

S: Dno stosu, 1bit

TTL: Czas do końca życia, 8 bitów

Illustracja 2.5: Alokacja etykiet w urządzeniach MPLS Routers.

2.7. Zalety inżynierii ruchu drogowego

W środowisku ruchu multimedialnego i w czasie rzeczywistym rozbieżne strumienie ruchu o różnych wymaganiach usługowych, jak na rysunku 2.4, ubiegają się o dostęp do transmisji na ograniczonej przepustowości; inżynieria ruchu zapewnia priorytetyzację klasy i efektywne wykorzystanie zasobów sieciowych. Zapewnia administrację i negocjowane współdzielenie oraz optymalizację przepustowości sieci.

W operacjach sieciowych w czasie rzeczywistym, w przypadku wielu scenariuszy awarii łącza, należy przyjąć wysokie wykorzystanie przepustowości usług i usuwanie awarii. Jednocześnie muszą istnieć mechanizmy pozwalające na sprawne i szybkie przekierowywanie ruchu poprzez redundantną przepustowość łącza. Po usunięciu usterek konieczna może być optymalizacja w celu uwzględnienia przywróconej przepustowości operacji wrażliwych na czas, takich jak routing ruchu w multimedialnym wideo lub telewizji strumieniowej online.

Zatory w ruchu i przerwy w połączeniach występują zarówno wtedy, gdy zasoby sieciowe są przeciążone przez transmisję ruchu, jak i wtedy, gdy transmisja doświadcza zakłóceń/ problemów z siecią. Może to być spowodowane hierarchicznymi wąskimi gardłami w dostępie do protokołu bramki granicznej (BGP). Sugeruje to, że projekt lub parametry sieci są nieodpowiednie do obciążenia ruchem. Konstrukcja może być słaba, gdyż strumienie ruchu nie są skutecznie mapowane na dostępne zasoby sieciowe, co powoduje częściowe wykorzystanie zasobów sieci. Rozwiązywanie problemów związanych z zatorami można poprawić za pomocą inżynierii ruchu drogowego, aby skutecznie mapować zasoby sieci.

Wyzwania związane z węzłami pośrednimi (routerami) w protokole routingu dotyczą przede wszystkim łączności i czasu przetwarzania ruchu routingu i pakietów. Ponadto dotyczy to konwergencji, wyboru optymalnych tras na etapie wykrywania tras oraz wyznaczania tras w dynamicznych routerach typu mesh. MPLS-TE zapewnia bezpośrednią alternatywną ścieżkę do węzłów docelowych z pominięciem węzłów pośrednich. Lokalizacja, wybór i wyznaczenie trasy w protokole routingu oraz ewentualna awaria połączenia lub węzła w WMN różni się w zależności od metryki, topologii i architektury.

W poprzednich sekcjach dokonano przeglądu różnych opracowań badawczych i mechanizmów. Przeanalizowano dalsze dyskusje porównawcze na temat siły i wykorzystania w sieci WMN, podkreślając jednocześnie wady i słabości istniejących protokołów routingu WMN. Zbadano migrację w rozdzielczości badawczej przedstawionej przez badania, udoskonalenia i modyfikacje dokonane na protokole routingu WMN. Określono obszary dalszych badań i otwartych możliwości. Zidentyfikowano jakość MPLS-TE jako możliwego przyszłego rozwiązania dla ulepszonej, nisko przetworzonej i mniej kosztownej, wysokiej transmisji danych uzyskiwanej w ruchu multimedialnym w sieci WMN. Dodatkowo oceniano metryki i różne algorytmy w protokole routingu. W niniejszym opracowaniu nie będziemy omawiać wdrożenia tego mechanizmu w WMN i technik MPLS-TE. Obserwacje wykazały, że rozwiązanie krzyżowe lub kompleksowe rozwiązanie tych problemów zapewni niezbędny standard protokołu routingu dla sieci WMN. Standardowy standard bezprzewodowy poprawi niezawodność, interoperacyjność i integrację z innymi standardami bezprzewodowymi. Zapewniłoby to standardową platformę do skalowalnego łączenia w sieci szerokopasmowe i sieci bezprzewodowe dla przedsiębiorstw i społeczności.

2.8. Lekcja Nauczyłem się

W poprzednich rozdziałach dokonaliśmy przeglądu różnych algorytmów protokołu routingu w standardzie IEEE 802.11, a proponowane alternatywne algorytmy wynikały z adaptacji i modyfikacji algorytmów standardu sieciowego ad hoc zarówno dla MANET jak i WMN. Podczas gdy opracowywane i testowane są nowe protokoły routingu w standardzie IEEE 802.11, proponuje się więcej innowacji. Proponowane są również wersje protokołu routingu improved-variants i hybrydowego WMN. Protokoły routingu zostały poddane przeglądowi w oparciu o kwestie transmisji pakietowej i łączności w odniesieniu do otwartych rezolucji dotyczących wyzwań badawczych. W tej części omówiliśmy dalej to, czego nauczyliśmy się z naszych badań.

Badanie wykazało, że różne rodzaje protokołów routingu mają różne atrybuty, mocne strony i zalety. Niemniej jednak te proponowane protokoły routingu mają również wady i niedoskonałości, gdy są stosowane w różnych aplikacjach routingu lub topologiach sieci. Wady i wyzwania związane z trasowaniem, takie jak "count-to-infinity", "spoofing", "delay location" i "speed of updates" lub "failure recovery", występują w różny sposób w różnych operacjach, a mianowicie proaktywnie lub reaktywnie. Istnieje również czynnik strukturalny: klastrowa, hierarchiczna lub płaska architektura transmisji sieciowej, a także mechanizm aktualizacji tabeli routingu. Wydedukowaliśmy, że mobilność i przypadkowość ruchu w węzłach klienckich jest wprost proporcjonalna do obciążenia ruchem w sieci i równoważenia obciążenia. Nadawczym spektrum ruchu może być multimedialny, dwukierunkowy lub jednokierunkowy ruch sieciowy, który może być stały, impulsowy lub okresowy. Zróżnicowanie ruchu ma ograniczający lub wysublimowany wpływ na ogólną metrykę wydajności. W przypadku niektórych transmisji pakietów danych w sieci WMN może występować wrażliwość czasowa na ruch IP, co będzie wymagało nadania im priorytetu.

Technika inżynierii ruchu drogowego jest wprowadzona jako otwarta możliwość badawcza, jest to holistyczne i bardziej kompleksowe podejście do osiągnięcia operacji trasowania, które może działać w różnych terenach i scenariuszach. MPLS jako wielowarstwowa różnorodność ścieżek i równie kompleksowe rozwiązanie jest w stanie pokonać większość wyzwań i wad analizowanych w poprzednich sekcjach. Otworzy to obszar możliwości badawczych w rozwiązywaniu problemów związanych z protokołem routingu poprzez konfigurację bezpiecznych tuneli i ścieżek komunikacyjnych z wykorzystaniem poleceń i adresowania routingu IP.

Transmisje wykorzystujące techniki inżynierii ruchu mogą tworzyć zróżnicowanie ścieżek dla nieudanych retransmisji pakietów i ułatwiać szybszą aktualizację tabeli routingu. Może to zwiększyć wydajność połączeń, przepustowość i szerokość pasma w protokole routingu WMN. Ponadto, retransmisja pakietów danych i potwierdzanie żądań trasy może rozwiązać problem "pętli" lub zliczania do nieskończoności w protokole routingu WMN. W konsekwencji nastąpi szybsza konwergencja protokołu routingu i szybsze aktualizacje informacji o protokole routingu w krótkim stanie łącza.

Technika mapowania etykiet w technice inżynierii ruchu drogowego skraca koszty ogólne i czas przetwarzania. Oszczędza to również czas potrzebny na aktualizację tabel routingu i szybkość konwergencji. Konfiguracja i adresowanie IP eliminuje przypadki zapętlenia i liczy się z nieskończonymi błędami. Zarządzanie lokalizacją, GPS i protokoły trasowania oparte na kierunkach mają wysoki stopień przetworzenia i koszty ogólne, które zwiększają opóźnienia, są rozwiązywane za pomocą adresowania IP i inteligentnej konfiguracji. Adresowanie IP rozwiązuje lokalizację węzła klienta sieci mesh. Kompleksowa propozycja badawcza pokazuje, że nawet przy najlepszych metrykach optymalny przebieg trasy jest nie tylko zapewniony, ale może być ulepszony w optymalizacji wielowarstwowej przy użyciu TE. Do chwili powstania niniejszego opracowania nie prowadzono badań nad emulacyjnymi łóżkami testowymi i ocenami, ale wykonano wiele prac nad protokołem routingu MPLS-TE dla sieci WMN.

2.9. Wniosek

W tym rozdziale przeprowadzono analizy i badania dotyczące sieci WMN, migracji projektowej oraz trendów rozwojowych w zakresie bezprzewodowego protokołu routingu sieci mesh. Nasze badania skupiały się bardziej na warstwie protokołu routingu. Podkreśliliśmy wiele i rozbieżnych technik, w których protokoły routingu przechwytują wyzwania tradycyjnego, starszego protokołu routingu sieciowego ad hoc, a następnie przeprowadziliśmy analizę porównawczą różnych algorytmów projektowych ze szczegółową oceną jego dostosowania do odpowiednio zbadanych rozwiązań. Zaobserwowano pochodne rozwiązania oparte na propozycjach protokołów routingu. Zbadano również koncepcję i mechanizmy działania algorytmów protokołu routingu jako porównawcze atuty rozdzielczości w protokole routingu. Zbadano również przegląd wielu wariantów/dostosowanych rozwiązań w odniesieniu do nieodłącznych i otwartych możliwości i wyzwań badawczych. Zbadano również znaczenie zróżnicowanego protokołu routingu dla wyzwań związanych z bezprzewodowym routingiem i przełączaniem sieci mesh.

Wreszcie zbadano otwartą możliwość badań nad mechanizmem inżynierii ruchu w synergii z WMN. Przeanalizowano również rozwiązania istniejących problemów związanych z protokołem routingu. Porównano i obiektywnie omówiono liczne rozwiązania projektowe i przystosowane do routingu ruchu sieciowego. Ponadto, formułowanie kompleksowych rozwiązań poprzez wieloaspektowe podejście IP do tych głównych wyzwań, oferując rozdzielczość sieci poprzez inżynierię ruchu - mechanizm inżynierii transmisji MPLS.

Proponowany mechanizm mógłby poprawić różnorodność ścieżek, skalowalność, równoważenie obciążenia i bezpieczeństwo pakietów routowanych w protokole routingu bezprzewodowego protokołu mesh. Ten MPLS-TE może w równym stopniu poprawić wydajność agregacji przepustowości i łączności, zwłaszcza w sieciach szerokopasmowych. Postępy w technikach inżynierii ruchu wykorzystujących niskonakładowe i niskoprzetwarzalne konfiguracje i polecenia IP będą dodatkowo sprzyjać potencjalnemu wykorzystaniu komercyjnemu i przyjęciu szybszego protokołu routingu z przełączaniem do przodu, a połączony mechanizm inżynierii ruchu i routingu będzie promował szybszą transmisję pakietów danych w sieci WMN. Mechanizm inżynierii ruchu tworzy również bezpieczną transmisję ruchu pakietowego przez bezprzewodową sieć mesh.

TE daje również administratorowi zwiększoną elastyczność w zakresie QoS i priorytetyzacji w czasie rzeczywistym, co z kolei zwiększa skalowalność i bilans obciążenia w sieci WMN. Adresacja TE i inteligentne polecenia konfiguracyjne mogą również zwiększyć wynikową przepustowość podczas transmisji. Te otwarte potencjały badawcze wygenerują również wieloprotokołowy holistyczny standard dla WMN. Wszystkie te podniesione kwestie i możliwości są otwarte na dalsze badania i analizy naukowe. Niniejszy rozdział ma prowadzić do dalszych prac nad siecią Wireless mesh - adaptacją zarządzania bezpieczeństwem w inżynierii ruchu opublikowaną w Journal for Networks, Elsevier 2010 [113,114] przez tych samych autorów oraz nowych, zainteresowanych badań.

ROZDZIAŁ 3

Bezprzewodowe sieci siatkowe - Ruch multimedialny poprzez skalowalną sieć bezprzewodową Wireless Mesh Network

3.1. Streszczenie

Mechanizm inżynierii ruchu jest ważnym i skutecznym narzędziem dla dostawców sieci internetowych dążących do optymalizacji wydajności routingu sieciowego i dostarczania ruchu. Mechanizm inżynierii ruchu sieciowego Mesh odgrywa kluczową rolę w znalezieniu wydajnych tras, aby osiągnąć pożądaną wydajność sieci i osiągnąć optymalizację tras. W tym rozdziale proponujemy inżynierską optymalizację protokołu routingu w wielo- i wielokanałowej sieci WMN. Implementujemy technikę inżynierii ruchu nad protokołem routingu WMN (RP), aby sformułować protokół o większej przepustowości pokrycia z szybkim, liniowo sekwencjonowanym i deterministycznym algorytmem do rozwiązywania problemów skalowalności, równoważenia obciążenia i obliczeń niskościeżkowych w WMN-RP. Dla WMN proponujemy adaptacyjny algorytm protokołu routingu ruchu link-state engineered-routing z najmniejszym kosztem (ALSTE-RP). ALSTE-RP jest porównywany do normalnej transmisji pakietów WMN, aby pokazać optymalizację opartą na wydajności.

3.2. Wprowadzenie

Inżynieria ruchu (TE) w bezprzewodowych sieciach kratowych [1-3] zwiększa możliwości sieci kratowych w zakresie konfiguracji klienta węzłów protokołu internetowego (IP) oraz wykorzystania stworzonej listy poleceń ruchu do regulacji i kontroli optymalnej wydajności sieci w transmisji WMN. Wysoki potencjalny popyt na technologie wielousługowe w bezprzewodowej sieci mesh stwarza liczne wyzwania związane z transmisją ruchu, a także niekorzystnie wpływa na skalowalność sieci mesh. Jednakże MPLS-TE [4-6] jest mechanizmem rozszerzalnego protokołu internetowego (IP) do transmisji pakietów o doskonałych właściwościach przystosowawczych w różnych dziedzinach. Ponadto, TE posiada naturalną zdolność do kierowania transmisji danych poprzez specjalne mapowanie przypisanych do nich pakietów z węzłów źródłowych do miejsc docelowych w bezprzewodowej sieci mesh. Etykieta oznaczona w technice routingu MPLS-TE posiada stos etykiet, na którym są przekazywane informacje umożliwiające naprawy związane z tunelem. Obejmuje on również niezawodny mechanizm jakości usług (QoS), skuteczne zabezpieczenie pakietów/danych podczas transmisji pakietowej oraz efektywne zarządzanie przepustowością, lepszy mechanizm kontroli ograniczeń sieciowych [7] i większą przepustowość w porównaniu z tradycyjnymi sieciami ad hoc. W optymalizacji WMN za pomocą inżynierii ruchu [8,9], węzły i węzły routera mogą być konfigurowane za pomocą komend rozszerzonej listy dostępu IP, protokołu dystrybucyjnego etykiet (LDP), wirtualnej sieci prywatnej (VPN) lub GRE-tunnelling w zoptymalizowanym protokole internetowym skonfigurowanego polecenia routingu przez infrastrukturę bezprzewodowej sieci mesh.

Koncepcje TE różnią się w zależności od IP, MPLS-TE, mechanizmu offline i online TE oraz schematów zmienności unicast lub multicast. W optymalizacji ruchu drogowego klasyfikujemy dalej TE na wewnątrz-domenowe i międzydomenowe optymalizacje TE. Korzystając z mechanizmu wyznaczania tras dla TE, możemy podzielić mechanizm TE na oparte na IP TE i MPLS-TE. Korzystając z tematu dostępności do klasyfikacji, mamy operacje ruchu offline i operacje ruchu online. W końcu, wykorzystując aspekt rodzajów ruchu, mamy ruch jedno- i wielokastowy. MPLS-TE wykorzystuje inteligentną konfigurację dedykowanych LSP do dostarczania enkapsulowanych pakietów IP. Wykorzystuje podział ruchu do przekierowywania i routingu pakietów przez wyraźne ścieżki w celu ich optymalizacji, ale ze względu na dużą liczbę LSP może ponosić duże koszty ogólne w dużych sieciach WAN. Potrzebuje on również mechanizmu ochrony tras jako rezerwowych ścieżek, w przeciwnym razie ruch nie może być realizowany za pomocą ścieżek zastępczych. TE oparty na IP wykorzystuje ważone łącza protokołu IGP (Interior Gateway Protocol). W odróżnieniu od MPLS-TE, który wykorzystuje dedykowane, wyraźne ścieżki, wykorzystuje wybór ścieżek drobnoziarnistych. Optymalizacja może być zatem dokonywana poprzez inteligentne dostosowanie lub dostrojenie atrybutów routingu. Mimo, że TE bazujące na IP nie jest elastyczne w doborze ścieżek, ma lepszą skalowalność i odporność na dostępność niż MPLS-TE. Zmniejszyła ona również koszty ogólne z powodu nieużywania LSP.

Z drugiej strony, WMN jest zasadniczo technologią standardową IEEE802.11n [10], która definiuje działanie transmisji mesh ruchu w sieciach ad hoc. WMN, będąca rozwijającym się standardem w komunikacji sieciowej ad hoc, stwarza liczne otwarte możliwości badawcze i wyzwania, jak pokazał Akydiliz 2005 [11] w badaniu bezprzewodowych sieci siatkowych. Skalowalność w coraz większych sieciach kratowych stwarza wyzwania [12], takie jak mniejsza przepustowość sieci WMN w rosnącej sieci rozległej (WAN), słaba niezawodność [13] przesyłanych danych, mniejsze saldo obciążenia [14] i mniejsza przepustowość danych wyjściowych. WMN posiada atrakcyjne właściwości handlowe, takie jak tania instalacja, użytkowanie i interoperacyjność z innymi platformami sieciowymi umożliwiającymi bezprzewodowy, szerokopasmowy dostęp do Internetu [15]. Ponadto jest łatwy do wdrożenia dzięki dynamicznemu charakterowi siatki i tańszym kosztom.

W coraz większej liczbie węzłów, model sieci mesh w kampusie, jak pokazano na rysunku 3.1, obserwacja wskazuje, że TE umożliwia jednoczesną, zróżnicowaną transmisję pakietów przez WMN przy użyciu zarówno protokołu routingu jak i przełączania pakietów danych TE w ramach dynamicznych operacji mesh. W TE stosuje się jednak transmisje pakietowe z wieloma ograniczeniami opóźnienia transmisji w celu wdrożenia optymalnego i taniego wyboru ścieżki spełniającej wszystkie zestawy ograniczeń [16], takich jak opóźnienie czasowe, transmisja typu koniec-koniec, jakość usług i zwiększony ruch pakietowy w skalowalnej sieci WMN. Ponadto, mechanizm TE może być włączony przez WMN dla wyższej optymalizacji przepustowości pakietów przy scenariuszu dużego zapotrzebowania na ruch w sieci WMN. Co więcej, inne efekty wynikowe, takie jak bilans obciążenia w sieci WMN, mogą być rozwiązane za pomocą szybkiej zmiany trasy lub poprzez transmisję bilansowania ścieżek na wielu ścieżkach.

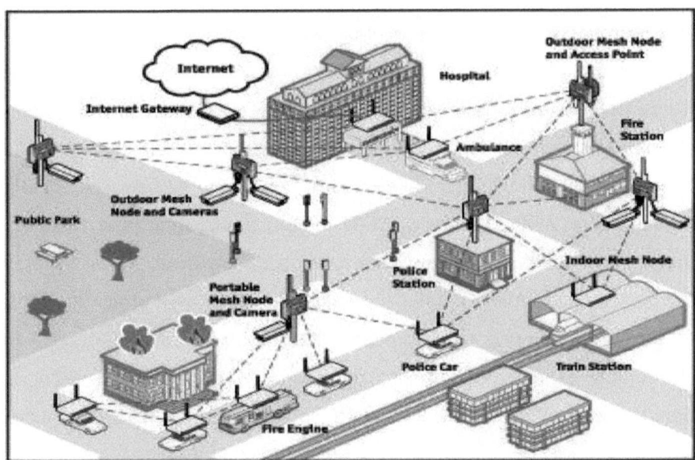

Rysunek 3.1: Kampusowe rozmieszczenie WMN z komunikacją drogową [17]

Internet Engineering Task Force (IETF) [18] opracował standardy dla inżynierii ruchu w sieciach opartych na IP; istnieje jednak potrzeba dostosowania wersji standardowej dla WMN. Sieci wirtualne, takie jak VPN, MPLS, GRE, IPSec i techniki tunelowania mogą być włączone jako mechanizm do wdrażania inżynierii ruchu przez WMN.

3.3. Związane z tym tło

Wireless Mesh Network (WMN) składa się z routerów mesh, klientów mesh i infrastruktury szkieletowej mesh. Urządzenia typu mesh są mobilne i dynamiczne w działaniu, podczas gdy routery mesh są albo statyczne, albo mają minimalną mobilność. Routery mesh tworzą infrastrukturę szkieletową sieci WMN, natomiast klienci mesh tworzą trzypoziomowy mechanizm działania węzłów: na urządzeniach peryferyjnych bezprzewodowego klienta mesh, na punktach dostępowych mesh (AP) oraz na węzłach bramek. WMN jest podobna w działaniu do mobilnej sieci ad hoc (MANET), ale wykorzystuje dynamiczny mechanizm multi-hopowego routingu od węzła źródłowego do węzła docelowego. Jednak w przeciwieństwie do sieci MANET, jej router szkieletowy jest raczej statyczny niż dynamiczny. Zmiana w migracji z MANET-u do WMN powoduje zatem zmianę w konstrukcji, działaniu i architekturze WMN. Obecnie WMN można postrzegać jako wielokrotność tradycyjnych sieci ad hoc w połączonej sieci kratowej, która wykorzystuje również węzły mobilne i statyczne szkielety routerów z protokołami bramek routerów. Jednak w odróżnieniu od systemu MANET, WMN korzysta z wielu interfejsów kanałowych i wielu częstotliwości radiowych. Ponadto, w celu optymalizacji wydajności sieci przy jednoczesnej integracji z innymi sieciami i urządzeniami bezprzewodowymi, wykorzystuje również szybkie routery rdzeniowe typu back-haul oraz routery bramowe.

W operacjach WMN, szkieletowe routery siatkowe działają również jako węzły bramowe do zewnętrznej chmury internetowej (Internetu) lub wewnętrznych bram do innych technologii sieci bezprzewodowych. WMN może również funkcjonować jako węzły/stacje nadawczo-odbiorcze pakietów, które zasadniczo odbierają i kierują pakiety danych ze zdecentralizowanych węzłów źródłowych do miejsc docelowych.

Punkt dostępowy (AP) wykorzystuje interfejsy wielu węzłów kanałowych do hostingu i retransmisji pakietów przepływających z węzłów klienta sieci bezprzewodowej w urządzeniach peryferyjnych. Zapewnia on węzły wymiany i integracji pomiędzy klientem sieci mesh a infrastrukturą routerów szkieletowych mesh w sieci WMN. Najczęściej w sieci hierarchicznej AP tworzy głowice klastrowe do transmisji danych pakietowych. WMN posiada komercyjne właściwości samokonfiguracji, samoorganizacji i samouzdrawiania; te nieodłączne cechy sprawiają, że WMN jest doskonałą technologią dostępu bezprzewodowego do skalowalnych multimediów i szerokopasmowego Internetu dla społeczności [19]. WMN łatwo tworzy rozszerzalne sieci IP tworzące większe łańcuchy sieci bezprzewodowych i integrujące się również z innymi sieciami przewodowymi. We wdrażaniu sieci WMN coraz większy rozmiar sieci i skalowalność infrastruktury wiąże się z problemami z niedopasowaniem węzłów, awaryjnymi łączami, wyzwaniami związanymi z zakłóceniami, pakietami typu "drop packets" i dużymi opóźnieniami. W konsekwencji, wynikowa przepustowość zmniejsza się wraz ze wzrostem rozmiaru sieci. Ponadto prędkość i czas konwergencji zwiększają się ze względu na odległość i opóźnienia w przesyłaniu od końca do końca. Czynniki te obniżają przepustowość i jakość w węzłach docelowych, obniżając prędkość konwergencji w sieci. W rozszerzonej komunikacji multihopowej w sieciach heterogenicznych, WMN cierpi na spadek zasięgu, szczególnie podczas rozszerzonej transmisji pakietów węzłowych/sieciowych.

3.3.1. Tło inżynierii ruchu drogowego

Znaczenie aplikacji TE dla administracji WMN stopniowo wzrasta ze względu na ich liczne zalety w sieci ad hoc. Rozwiązywanie problemów związanych z przeciążeniem i awariami łączy staje się coraz trudniejsze wraz z rosnącą liczbą połączeń węzłów sieciowych. Wykorzystanie skutecznego mapowania ruchu danych pakietowych do zasobów sieci poprawi ogólną niezawodność i wydajność sieci mesh. TE reguluje te zasady mapowania przepływu ruchu przez routing WMN od źródła do celu, aby zmaksymalizować przepływ transmisji danych. Technika TE kontroluje i różnicuje różne scenariusze ruchu, np. w strumieniach transmisji pakietów wideo i multimedialnych. Zwiększa to również niezawodność w niejednorodnej i wielohopowej spedycji ruchu bramowego. W sieciach bezprzewodowych mesh mechanizm różnicowania QoS jest sumą zróżnicowanych priorytetów ruchu w widmie i prawdopodobieństwa zrzutu pakietów przypisanych do zróżnicowanego ruchu pakietowego, wpływającego również poprzez dostęp różnych pionów ruchu do zasobów sieci.

Routing pakietów danych podczas transmisji wokół węzłów peryferyjnych odbywa się głównie z wykorzystaniem przyległości węzłów klienta [20] wymiany ruchu. Protokół routingu wykorzystuje deterministyczno-sekwencyjny algorytm rozproszony dla transmisji pakietów z węzła do miejsca docelowego. Algorytm routingu tworzy podstawowe polecenia programowe uruchamiające cały protokół routingu w architekturze WMN. W sieciach multimedialnych, bezprzewodowe węzły i routery IP typu mesh mogą być konfigurowane i włączane w modelu WMN przy użyciu starannie zaprojektowanych poleceń protokołu internetowego (IP). Ten węzeł IP mesh funkcjonuje jako stacja nadawcza i ostatecznie wysyła i odbiera pakiety danych, w przeważającej mierze do miejsca przeznaczenia w chmurze bezprzewodowej. Odległość między węzłami oraz bliskość bezprzewodowych węzłów klienckich mesh i AP w sieci ma również wpływ na skalowalność [21] w stosunku do coraz większych rozmiarów sieci. Prędkość transmisji podczas konwergencji sieci oraz w mechanizmie wykrywania tras sąsiednich, aktualizacji tabeli tras oraz transmisji danych z węzła źródłowego do węzła docelowego stanowi metrykę kosztów dla wielu czynników opóźniających w sieci WMN.

WMN może działać jako podstawowa sieć dostępowa dla sieci szerokopasmowych i multimedialnych, a także może łatwo ułatwić integrację sieci mesh z innymi sieciami bezprzewodowymi i przewodowymi. WMN stanowi doskonałe rozwiązanie dla potencjalnego komercyjnego dostępu do sieci oraz nowych technologii dla społecznościowych sieci szerokopasmowych i multimedialnych. Sieci szerokopasmowe cieszą się coraz większą popularnością ze względu na wzrost popularności Internetu i stacji węzłowych małych biur domowych (SOHO) oraz aplikacji internetowych dotyczących handlu elektronicznego (e-commerce). Bezprzewodowe sieci szerokopasmowe są niezawodną siecią dostępową i nadają się do wielu operacji komunikacyjnych w czasie rzeczywistym oraz do zastosowań takich jak usługi łączności głosowej, transmisji danych i multimediów. Dostęp do sieci WMN dla szerokopasmowych sieci komunikacyjnych jest zarówno interoperacyjny, jak i łatwo komplementarny z innymi sieciami.

Większość węzłów transceiver-IP w sieci WMN to węzły klienckie typu mesh oraz routery z funkcjami bramki pracujące jako dostęp do sieci IP w bezprzewodowej chmurze. Podczas gdy routery mesh mogą pełnić rolę szkieletu bramy IP, klienci mesh używają średnich adresów kontroli dostępu (MAC) do transmisji ramki pomiędzy sąsiadującymi węzłami mesh. Adresy IP są aktywowane za pomocą poleceń konfiguracyjnych i są przydzielane dynamicznie lub statycznie w warstwie protokołu routingu sieciowego WMN.

Sieć WMN oferuje dodatkową łatwość integracji z innymi systemami bezprzewodowymi i rozszerzania sieci przewodowych oraz jest łatwo skalowalna przy zwiększaniu rozmiarów sieci, co zapewnia niskie koszty, łatwą naprawę i niskie zużycie baterii w sieci WMN. Jednak stopniowe straty pojawiają się wraz ze skalowalnością i w miarę zwiększania się zasięgu w scenariuszach WAN. Architektura i działanie przedstawione są na rysunku 3.2 i przedstawiają opartą na klastrach, hierarchiczną, strukturalną transmisję ruchu pakietowego oraz transmisję pakietów powiadomień sieciowych przez węzły peryferyjne (klienckie) poprzez węzły AP do szkieletowych bezprzewodowych węzłów routera mesh poprzez bramy routera do bezprzewodowych chmur (Internet). W hierarchii

WMN, węzłom sieci mesh przypisane są różne role podczas operacji transmisji.

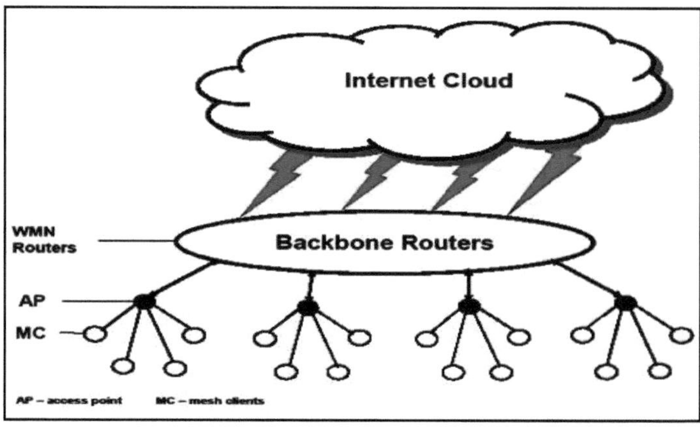

Rysunek 3.2: Trzy warstwy/poziom transmisji WMN

W modelu hybrydowym jest to odejście od istniejącego ruchu pakietów danych przez architekturę WMN. Istniejący mechanizm, taki jak technika oparta na MPLS lub proponowany mechanizm TE oparty na IP, jest również stosowany w architekturze WMN w celu stworzenia potencjalnie wysokiego poziomu QoS, tańszego dostępu do bezprzewodowego, szerokopasmowego internetu społecznościowego (IEEE 802.20), takiego jak asymetryczne cyfrowe łącze abonenckie (ADSL), z dodaną niską przepustowością i zwiększoną skalowalnością. Powoduje to nieuchronnie większą przepustowość i szybkość transmisji danych w toniku węzła docelowego.

Jakość usług (QoS), kontrola przeciążenia i niezawodność w sieci o coraz większych rozmiarach/węzłach są czynnikami łatwo ulegającymi pogorszeniu w komunikacji WMN ze względu na medium (bezprzewodowe) i różne wysoko rozproszone wyzwania napowietrzne, takie jak zakłócenia, rozstrojenia i zniekształcenia. Transmisja danych w sieci WMN podlega innym czynnikom degradacyjnym, takim jak rozdzielczość protokołów routingu, optymalna ścieżka i procesy nadawania kanałów. Te

może w konsekwencji wpłynąć na szybkość i przepustowość, działanie w czasie rzeczywistym i niezawodność sieci.

Większość metryki odzwierciedla miarę oceny wydajności i koszt pakietów przekierowywanych i przesyłanych. Są to najczęściej adaptacje i modyfikacje projektowe i najczęściej są to projekty wielowarstwowe [22], rozwiązania wbudowane oraz zmiany sieci infrastrukturalnej w istniejącym protokole routingu sieci bezprzewodowej. Ponadto, dostępne są również techniki optymalizacyjne. WMN ma unikalną strukturę architektoniczną i te cechy są często odzwierciedlone w dynamicznej mobilności węzła WMN, pozycji bezprzewodowego AP, rozmieszczeniu routerów mesh i mechanizmie protokołu routingu.

Techniki TE charakteryzują się elastycznością wykorzystania w różnych aplikacjach podczas optymalizacji protokołu routingu WMN. Ponadto tworzy on rozbudowane możliwości przekierowywania ruchu i różnorodne aplikacje wielousługowe w inżynierii ruchu z wykorzystaniem efektywnych algorytmów i technik dowodzenia adresowaniem IP w optymalizacji WMN. Adresacja, konfiguracja i polecenia IP zapewniają łatwość routingu i mapowania ścieżek pomiędzy różnymi źródłami węzłów do docelowych aplikacji routingu w sieci. Podejście techniki TE do projektowania protokołu routingu w sieci WMN dostosowuje konfigurację węzłów IP mesh. WMN-TE są wdrażane w celu optymalizacji wydajności sieci poprzez optymalne dostrojenie ruchu transmisyjnego przenoszącego dane, a tym samym osiągnięcie szybszej i bardziej efektywnej transmisji pakietów na wcześniej ustalonych i wybranych ścieżkach w celu osiągnięcia ogólnie optymalnego routingu w komunikacji WMN. Technika ta, dynamicznie przydziela ścieżki sieciowe poprzez komutowany obwód wirtualny zwany LSP (label switched path) na podstawie ograniczenia istniejącego obciążenia ruchem i dostępnej przepustowości. Przełącza on również ruch kierowany przez wiele bezpiecznych ścieżek transmisji w sieci.

W kolejnych częściach rozdziału omawiamy tło TE i analizujemy istniejące wyzwania techniczne związane z protokołami routingu i problemy ze skalowalnością w WMN. Proponowane rozwiązanie ALSTE-RP zostanie przedstawione wraz z algorytmem i omówione, natomiast symulacja i analiza sieci oraz wyniki porównawcze, pokazujące różne reakcje na otrzymane metryki, zostaną omówione, a następnie podsumowane i porównawcze.

3.4. Adaptacyjny protokół komunikacyjny dla inżynierii ruchu drogowego (ALSTE-RP - Adaptive Link State Traffic Engineering Routing Protocol)

Projekt TE dla skalowalnego protokołu routingu w architekturze WMN, taki jak pokazany na rys. 3.3, zależy głównie od rodzaju routingu, wyzwań transmisji i metryki routingu. Inżynieria ruchu ma duże możliwości w zakresie optymalizacji współpracującej sieci WMN. Protokół routingu jest ulepszony, ponieważ podczas gdy transmisja pakietów jest uruchomiona, TE tworzy jednoczesną transmisję, w której dane pakietowe są mapowane do węzła docelowego i przesyłane poprzez przełączanie warstwy 2.5. Głównym celem inżynierii ruchu jest zapewnienie zoptymalizowanej sieci WMN z szybszymi trasami przelotowymi zapewniającymi wysoką skalowalną wydajność. Mechanizm TE jest stosowany w celu osiągnięcia wydajności poprzez konfigurację ruchu w celu dopasowania go do zasobów sieci. Jednak w ALSTE-RP zbadaliśmy wielowarstwowe, obiektywne rozwiązanie protokołu jako całościowe podejście do rozwiązania tych licznych wyzwań związanych z projektowaniem protokołów routingu. Większość wyzwań w różnych proponowanych protokołach routingu w sieci WMN jest częściowa i nie jest w pełni kompleksowym rozwiązaniem dla wielowarstwowej sieci WMN w architekturze rozproszonej. Dlatego też opracowaliśmy algorytm dla tej wielowarstwowej optymalizacji protokołu routingu WMN, a także wykorzystaliśmy technikę TE engineering do szybszego forwardowania (węzeł źródłowy - węzeł docelowy) macierzy przełączającej w routerze i węzłach AP sieci kampusowej.

ALSTE-RP jest adaptacyjną techniką inżynierii ruchu zapewniającą skalowalne trasowanie pakietów w komunikacji WMN oraz inteligentne przydzielanie większego pasma przy użyciu węzłów i routerów mesh skonfigurowanych w IP w rozproszonym i zdecentralizowanym środowisku sieciowym. Jest to technika optymalizacji wieloprotokołowej WMN, wykorzystująca algorytm sekwencyjnego, rozproszonego, wieloprotokołowego, szybszego przekazywania danych w protokole routingu. Konstrukcja ta jest osiągnięta poprzez zastosowanie algorytmu obliczeń ścieżek szybszych w technice TE dla WMN. Gwarantuje to niezawodny system wyznaczania tras w oparciu o deterministykę liniową. Proces ten z pewnością przyczyni się do powstania pewnych egoistycznych węzłów siatki i słabego zarządzania uczciwością i przepustowością, ponieważ komponenty protokołu routingu określają optymalne metryki forwardingu ścieżek. Kryteria optymalizacyjne stosowane w TE nad WMN najczęściej powodują poważne niesprawiedliwości w rozkładzie ruchu ze względu na chciwe węzły transmisyjne siatki.

Procedura ALSTE-RP wykorzystuje również specjalnie zaprojektowane algorytmy kierowania ruchem, aby osiągnąć lepszą wydajność. TE można również osiągnąć w sieci WMN za pomocą poleceń konfiguracyjnych w adresacji IPv6, routingu IP ze statycznymi poleceniami konfiguracyjnymi. Ponadto, TE można osiągnąć poprzez konfigurację interfejsu - metryki IP w dużych bezprzewodowych sieciach kratowych; może to jednak spowodować ogromne koszty ogólne w dużej sieci. Korzystając z narzędzi oprogramowania OPNET16.0 do modelowania, które umożliwia tworzenie scenariuszy TE w środowiskach opartych na sieci WMN, optymalizujemy mechanizm mapowania etykiet. Istnieją również możliwości maksymalizacji bezpieczeństwa ścieżek transmisji do miejsca docelowego lub minimalizacji zużycia zasobów, takie jak potwierdzenia i mechanizm ciągłej aktualizacji w protokole routingu.

W proponowanej propozycji projektowej przyjmujemy scentralizowane, liniowo rozproszone, deterministyczne przetwarzanie transmisji pakietowej w architekturze, ale stosujemy również hierarchiczne, strukturalne podejście do projektowania klastrowych sieci kratowych. Schemat rozproszony jest realizowany na różne sposoby, ale my przyjmujemy schemat, w którym para węzłów egress-ingress może zarówno wysyłać ruch przez architekturę WMN. W scenariuszu hierarchicznym, w celu optymalizacji, pozwalamy klientowi mesh na peryferiach na wykorzystanie przylegania węzłów do transmisji, podczas gdy wcześniej ustalone ścieżki, od punktu dostępowego przez routery mesh, przez routery bramkowe do miejsca docelowego, są wyznaczane liniowo, w przeciwieństwie do metody stochastycznej, która charakteryzuje się wysokimi wartościami obliczeniowymi, a co za tym idzie, wysokimi kosztami przetwarzania.

W Klastrach Mesh, węzeł i punkty przełączania i transmisji systemów takich jak AP są połączone z czterema węzłami sieci klienta w strukturze domenowo-hierarchicznej. Dalsza optymalizacja odbywa się przy użyciu najmniej obliczonej ścieżki, algorytmu optymalizacji liniowo-sekwencyjnej rozproszonej w celu określenia optymalnego wyboru ścieżki i szybkości transmisji. W celu zwiększenia zdolności przesyłowych sieci przy jednoczesnym zmniejszeniu ograniczeń w przesyłaniu danych w sieci, proponowany algorytm może wymagać regulacji ruchu sieciowego poprzez dostosowanie różnych parametrów sterujących pracą węzłów kratowych. Administrator sieci WMN może określić informacje o topologii, które wskazują na konfigurację węzłów i łączy, oraz o macierzy ruchu, która wskazuje względną wagę zapotrzebowania na ruch dla każdej pary węzłów źródłowych i docelowych. Optymalizacja protokołu routingu WMN za pomocą inżynierii ruchu pozwala na maksymalne wykorzystanie zasobów sieci mesh.

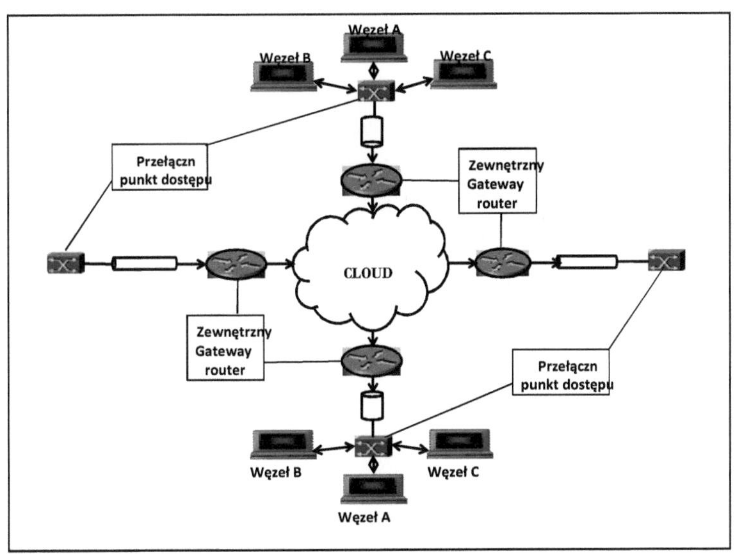

Rysunek 3.3: Inżynieria ruchu drogowego transmisji pakietowej (ALSTE-RP).

W modelu pokazanym na rysunku 3.3, węzły A, B, C będą wysyłać komunikaty routingujące między sobą za pomocą mechanizmu przyległości między węzłami, podczas gdy wcześniej ustalona ścieżka z AP przez routery szkieletowe i bramki do bezprzewodowej chmury lub Internetu jest wzmacniana w sieci za pomocą technik TE. Połączenie tych dwóch metod transmisji pakietów i komunikacji w sieci przedstawia nowy algorytm dla ALSTERP.

3.4.1. Różne czynniki w mechanizmach optymalizacyjnych

W większości technik optymalizacji TE bierzemy pod uwagę efekty kontrolowanej ścieżki przełączania etykiet (C-LSP), a także dostosowujemy najbardziej osiągalne cele i stosujemy mierniki wydajności w OPNET 16.0. Różne algorytmy TE zostały zaproponowane jako metryki niskonakładowe do rozwiązywania problemów związanych z skalowalnym protokołem routingu w sieci WMN. Wybór trasy w technice optymalizacji TE zależy od mechanizmu, mapowania par ruchu ingress-egresss do węzłów LSP lub wyznaczenia ostatecznej trasy przepływu ruchu na trasie. Dostosowujemy różne techniki optymalizacji protokołu routingu w WMN do techniki TE. W projekcie i optymalizacji TE protokołu routingu wprowadzamy sekwencyjne deterministyczne właściwości przetwarzania pakietów WMN w celu dostosowania technik optymalizacji dla ALSTE-RP. Skalowalny scenariusz TE został zaimplementowany w symulowanym w czasie rzeczywistym środowisku OPNET 16.0. Do czynników wpływających na optymalizację WMN należą:

- **Kontrola i zarządzanie ruchem -** projekt ten promuje kontrolę ruchu danych w oparciu o identyfikację konkretnych schematów ruchu w pamięci podręcznej danych lub wykorzystanie wcześniejszej historii przepływu i dostosowanie nowego, konkretnego ruchu. Najlepiej nadaje się zarówno do połączeń typu punkt-punkt TE jak i połączeń typu stan Link. Wyuczony wzorzec ruchu drogowego najlepiej nadaje się do tych celów kontrolnych.

- **Kontrola nadmiarowości ruchu** - eliminuje przesyłanie nadmiarowych danych i aktualizowanie nadmiarowych łączy w całej sieci WAN poprzez wysyłanie zakodowanych aktualizacji informacji zamiast rzeczywistego długiego pakietu.
  Eliminuje powtarzający się ruch.

- **Kompresja danych o** ruchu - wzory ruchu danych (łącza transmisyjne) mogą być przedstawiane jako zakodowane znaki, które mogą być tłumaczone na odbierające węzły siatki, tj. kryptografia lub szyfrowanie. Zmniejsza to również wysokie koszty ogólne i przestrzeń pamięci danych oraz umożliwia szybsze przetwarzanie. Zapewnia to bezpieczeństwo pakietów danych i wymaganą enkapsulację.

- **Routing protokołu cache/proxy** - zmniejsza wykorzystanie dużej przepustowości i pomaga w szybszym dostępie do informacji o routingu w protokole routingu. Dodatkowo, zwiększa bezpieczeństwo przesyłanych pakietów przed atakami. tj. DSR

- **Anti-spoofing** - chroni sieć przed zagrożeniami bezpieczeństwa, atak typu "spoofing" to sytuacja, w której jeden węzeł sieci lub program z powodzeniem działa jak inny, fałszując dane i uzyskując w ten sposób nielegalną przewagę w sieci WMN.

- **Redukcja napowietrzna** - redukcja opóźnień i zakłóceń w transmisji sieci za pomocą zaprojektowanego algorytmu. Niski wybór ścieżki obliczeniowej.

- **Wyższa konstrukcja przetwarzania** - dostosowanie większej przestrzeni i mechanizmu o większej mocy przetwarzania.

- **Zarządzanie ruchem (planowanie)** - Planowana transmisja w zróżnicowanym, heterogenicznym ruchu wymaga zastosowania timerów czasu rzeczywistego opartych na priorytetach lub zaprogramowanych operacji wysyłania do routingu i wykorzystania łącza w sieci WMN.

- **Limity połączeń** - Zapobiegają blokowaniu dostępu do sieci w routerach i punktach dostępowych z powodu odmowy dostępu do usługi (DOS) lub peer-to-peer na łączach WAN. Kontroluje on dostęp do sieci i łączność w sieci WMN.

- **Wielokrotne dostosowywanie prędkości przesyłu danych** - zrównoważone współdzielenie pasma i łączy z jednego węzła użytkownika do innego węzła nadawczego z uzyskiwania większej ilości danych w danym czasie niż stała ilość.

Podejście ALSTE-RP w sieci WMN umożliwia ustawienie wyraźnie poprowadzonych ścieżek przełączanych z oznaczeniem TE (TE-LSP), gdzie łącza spełniają mapowane zestawy ograniczeń metrycznych określonych dla TE. Mechanizm TE łączy w sobie wyraźne możliwości routingu sieci z koncepcją routingu opartego na ograniczeniach TE opartą na dynamicznym odkrywaniu zasobów sąsiednich węzłów sieci mesh mechanizmem aktualizacji informacji o routerze. Proponowany ALSTE wykorzystuje również ścieżkę o małym opóźnieniu czasowym i ograniczonej przepustowości, z rozproszoną sygnalizacją LSP z protokołem rezerwacji zasobów (RSVP-TE) dla QOS sieci bezprzewodowej. Opcje adaptacyjne są modelowane przy użyciu sieciowego symulatora OPNET 16.0 i włączane na kampusie zaprojektowanym jako WMN dla wydajności i analizy. TE zapewnia wysoką optymalizację takich funkcji, jak wykorzystanie zasobów sieciowych, niezawodne dostarczanie QoS w węzłach docelowych sieci oraz szybsze odzyskiwanie łącza. TE-LSP może być używany do kierowania ruchu pomiędzy routerami brzegowymi sieci w sieci mesh. Nasze podejście obliczeniowe zwiększa ogólne wykorzystanie zasobów dzięki adaptacyjnej optymalizacji komponentów sieciowych opartej na TE.

W optymalizacji ALSTE, badaliśmy różne procedury optymalizacji i zaadoptowaliśmy tę technikę używając wielowarstwowego obiektywnego protokołu formułującego szybsze przetwarzanie i obliczenia o niskim nakładzie pracy, technikę inżynierii ruchu w liniowym programowaniu funkcji wykorzystania przepustowości łącza. Proces ten minimalizuje jednak koszty ogólne routingu i ma wadę w postaci nierównomiernego rozkładu połączeń komunikacyjnych w sieci WMN. Nieregularny rozkład ruchu na łączach transmisyjnych powoduje niepełne wykorzystanie zasobów sieci mesh, a czasami także nadmierną eksploatację. Istnieją jednak inne proponowane techniki optymalizacyjne, z różnymi obliczeniami ścieżek TE, minimalizujące zużycie zasobów i maksymalne wykorzystanie zasobów sieci oraz osiągające lepszą dystrybucję ruchu i rozszerzoną skalowalność, niemniej jednak wiąże się to z wysokimi kosztami przetwarzania pakietów.

W tych badaniach proponujemy ALSTE-RP przy użyciu deterministycznie sekwencjonowanego, nisko-obliczeniowego, iteracyjnego, optymalnego algorytmu wyszukiwania ścieżek w celu rozwiązania problemu wysokich kosztów ogólnych opartych na zakłóceniach, zwiększając skalowalność kosztów ogólnych i poprawiając równowagę obciążenia na WMN. Importujemy węzeł i łączymy mechanizm usuwania awarii, aby odczytywać wyzwania związane z zatorami i dystrybucją. Ograniczenia protokołu routingu opartego na opóźnieniach są wykorzystywane do optymalizacji dostarczania ruchu multimedialnego w czasie rzeczywistym w hierarchicznie zaprojektowanej infrastrukturze WMN.

Proponowane są prace nad innymi różnymi algorytmami dla rozdzielczości protokołu TE-routingu, takimi jak optymalizacja programowania mieszanych liczb całkowitych, fragmentaryczne podejście liniowe do funkcji lub oparte na teorii gry oraz metody programowania liniowego. We wszystkich tych przypadkach, stopień zróżnicowania ścieżek zależy od wyboru tras dla LSP. Obliczenia tych tras tras zwiększają również przepustowość poprzez nadmierne poszerzenie obszarów pokrycia.

3.4.2. Algorytmy optymalizacyjne w protokole routingu dla sieci bezprzewodowej mesh

Sieci

Mechanizm optymalizacji TE zastosowany w tej pracy jest oparty na sekwencyjnym deterministycznym algorytmie pozwalającym na szybszą transmisję pakietów do przodu w obliczeniach ścieżek z wieloma ograniczeniami. Istniejąca sieć WMN jest adaptacją sieci bezprzewodowej ad hoc i w związku z tym wprowadza na pokład wiele bezprzewodowych transmisji pakietowych z różnych zastosowań o różnych wymaganiach w zakresie jakości usług. Główne wymagania tych algorytmów to utrzymanie obliczeń na niskim poziomie, zmniejszenie złożoności i poprawa wydajności w oparciu o czynniki ograniczające. Ponadto, TE zapewnia efektywną kontrolę przepływu ruchu i zarządzanie połączeniami. Ścieżki obliczeniowe typu "traffic engineered-low" osiągane są przy użyciu ograniczonych metryk, takich jak opóźnienie czasowe, QoS, niezawodność, równoważenie obciążenia, przepustowość pokrycia na rosnące węzły/skalowalność, przepustowość danych, spadek transmisji pakietów. Czynniki te są optymalizowane przy użyciu metody deterministycznej sekwencji przesyłanych pakietów, w obliczeniach o niskiej złożoności.

Protokół routingu w sieci WMN przekazuje informacje o transmisji sieciowej, a także aktualizuje stany węzłów topologicznych, łączy i mesh w pamięci podręcznej routingu lub bazie danych.

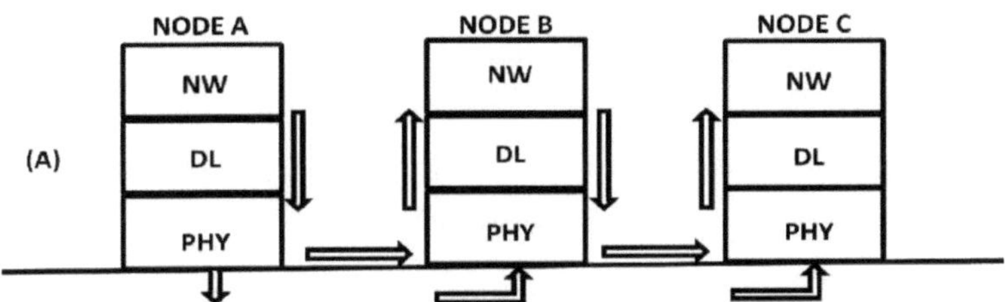

Rysunek 3.4a: Przekładnia warstwowa bez optymalizacji TE

W scenariuszu transmisji bezprzewodowej wykorzystujemy schematyczne przedstawienie modelu, jak pokazano na rysunku 3.4a. Modelowaliśmy przy użyciu OPNET 16.0 i rozszerzyliśmy kierunek transmisji sieci oraz działania warstwy, jak pokazano na rysunku 3.4a. Optymalizacja jest połączoną hybrydą międzywarstwową w warstwie 2 i 3, ale transmisja pakietów w warstwie fizycznej (PHY), która również jest zoptymalizowana, odbywa się z wykorzystaniem mechanizmu przełączania pakietów przyległości węzłów. Transmisja pakietów w warstwie fizycznej lub warstwie 1 odbywa się na urządzeniach peryferyjnych z wykorzystaniem klientów węzłów w środowisku sieci bezprzewodowej mesh. W modelu tym zaproponowano kombinowany, sekwencyjny algorytm hierarchiczny do obliczania ścieżek. Kombinacja przylegania do węzła i liniowej hierarchicznej transmisji sekwencyjnie rozłożonej przy użyciu szybszego przekierowania, przełączania ruchu i być może routingu w warstwach 2 i 3 modelu. Hierarchia pomiędzy AP i chmurą internetową jest z góry określona ścieżką i zazwyczaj są one zoptymalizowane TE. Na rysunku 3.4b dwie górne warstwy, sieć i warstwa łącza danych są zoptymalizowane do szybkiej transmisji pakietów w ruchu drogowym poprzez routing lub szybkie przełączanie. Algorytm szybkiego przełączania i przekierowywania do przodu tworzy bardziej dalekosiężną transmisję pakietów danych bez normalnie odbieranych potwierdzeń wysyłanych przez sieć. Środki te zapewniają szybsze przetwarzanie danych w węzłach, a także w całej sieci. Efekt cross-layer optymalizacji pozwala na szybszą przepustowość w docelowych węzłach sieci mesh Campus.

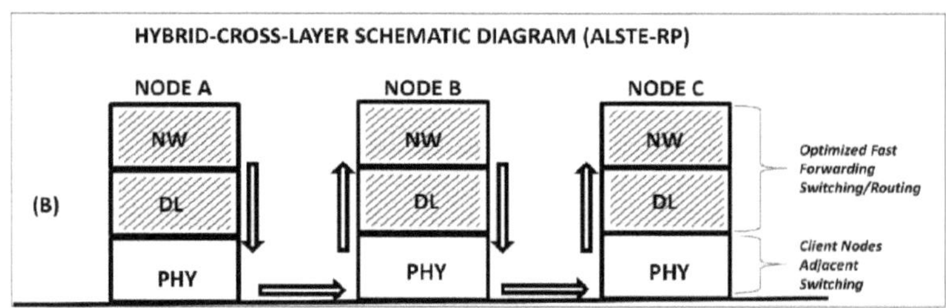

Rysunek 3.4b: Przekładnia warstwowa przedstawiająca optymalizację TE

3.4.3. Rozwój algorytmów

Projektując i modelując WMN, jak pokazano na rysunkach 3.4a i 3.4b, skupiliśmy się bardziej na inżynierii ruchu pakietów trasowanych. W tym aspekcie transmisji pakietów routingu bezprzewodowego mesh badamy zwiększone wykorzystanie przepustowości normalnego protokołu routingu podanego przez sformułowanie równania. Równanie najkrótszej ścieżki Djikstry jest używane do ważenia wyboru ścieżki i obliczeń, ale ponieważ mamy do czynienia z transceiverowym węzłem mesh, używamy również konfiguracji adresowania IP dla ścieżek TE. Są one deterministycznie uwarunkowane iteracyjnym wyszukiwaniem na zapętlonym pseudokrycie. Zaprojektowany TE poprawia główne czynniki przepustowości ruchu sieciowego i ulepsza niskoprzebiegowe obliczeniowe koszty ogólne dzięki algorytmowi szybkiego przekazywania pakietów, który został później zakodowany przy użyciu języka programowania C++ w modelu OPNet 16.0 projektowania ruchu sieciowego WMN do symulacji w czasie rzeczywistym i testowania wydajności przy użyciu już zidentyfikowanych metryk. To zostało ocenione.

3.4.4. Formuła matematyczna doboru ścieżki kontrolowanej -ALSTE-RP

Proponujemy optymalny schemat routingu dla WMN poprzez inspirację algorytmem najkrótszej ścieżki Djikstry. W początkowej fazie, pakiet wykonuje podobne do ant-ruchy do miejsca docelowego poprzez losowe wybranie ścieżki. Po przejściu pakietu przez węzeł, węzeł ten zwiększa swoją wartość feromonową [23, 24]. Tak więc, zastosowaliśmy metodę elementów skończonych, aby przypisać wartość feromonu do każdego węzła w ramach WMN. Rozważmy model systemowy z połączonym wykresem nieukierunkowanym G= (V, L) gdzie V to zbiór wierzchołków (węzeł) a L to zbiór krawędzi (połączenie) z wartością feromonu jako koszt połączenia 3.5. Każdy węzeł V zawiera zestaw wielu feromonów P (t) odpowiadających docelowemu ID w czasie *t*. Algorytm Djikstry zapewnia najkrótszą ścieżkę dla danego wierzchołka ***j*** do źródłowego wierzchołka, który wykorzystuje dynamiczne równanie procesu integracyjnego 1 i równanie 2. Otrzymujemy najkrótszą drogę przez cofnięcie S (Vj) do wierzchołka źródłowego [1, 2].

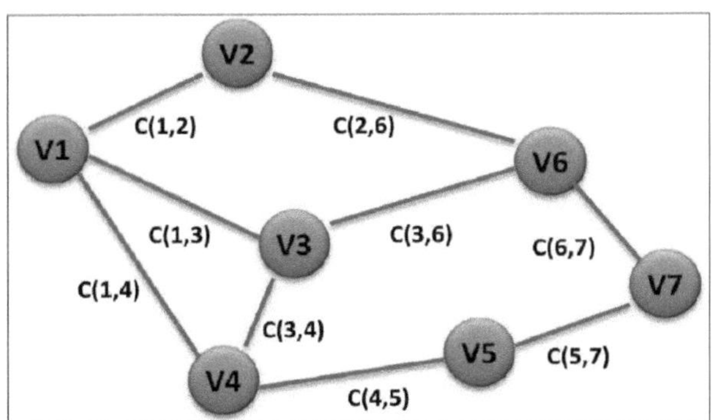

Rysunek 3.5: Wykres nieukierunkowany G= (V, L), (c to koszt łącza L)

f (Vj) = min{f (Vj), C (k,**j**) + f (**Vk**)}, ...(1)

Vj jest sąsiadem Vk , Vk0= Źródło Vertex

{S (Vj) = k, f (Vj) < C (k,j) + f (Vk)}, ... (2).........

Gdzie S jest optymalnym następcą wierzchołka dla wierzchołka j

Algorytm:

Wejście:

G= (V, L): Wykres **G** z wierzchołkami **V** i L to krawędź z **koszem**

VS: Source Vertex

VD: Punkt docelowy

Wyjście:

Ścieżka: zbiór punktów, które na optymalnej ścieżce pomiędzy **VS** i **VD**

Zmienna:

Cost2S: Zestawienie odległości od źródła **VS** do każdego punktu **V** w **G**

Prev_Opt_Vertex: Tablica do przechowywania poprzednich punktów na optymalnej ścieżce od źródła do każdego z nich

U: Układ do przechowywania Vertice'ów

CV: aktualny Vertex

Początek:

Dla każdego Vertexu **V** w **G**

Cost2S [V] ustawić **nieskończoność**

Prev_Opt_vertex [V] ustawić **NULL**

Koniec

Cost2S [VS]:= 0

Pchani e **VS** w **U,**

gdy U nie jest puste

CV: = **U** [pierwsze]

Dla każdego sąsiedniego punktu **nV CV,** **jeżeli**

[**Koszt2S[CV]** + **Koszt** (nV, **CV**)] < **Koszt2S[nV]**

Cost2S [nV]:= Cost2S [CV] + **Cost** (nV, **CV**)

Prev_Opt_vertex [nV] := **CV**

Koniec

Koniec

U: = naciśnij wszystkie **nV**

Sortuj **U** w kolejności rosnącej w oparciu o wartość Cost2S, **jeśli** U [Pierwszy] **punkt jest równy** punktowi przeznaczenia VD **temp**: = **VD**

Wepchnij wierzchołek **VD** na **ścieżkę**

Podczas gdy Prev_Opt_vertex **[temp]** nie jest równa **VS**

Push vertex **Prev_Opt_vertex [temp]** do **Path**

temp: = Prev_Opt_vertex [temp]

Koniec

Wepchnij punkt **VS** na **ścieżkę**

Ś cieżka powrotna

Koniec

Koniec

Koniec

3.5 Modelowanie, symulacje środowisk i czynników.

Rysunek 3.6 przedstawia model WMN zaimplementowany w OPNET 16.0 Modeller dla ALSTE-RP. Model ten jest przystosowany do pracy w sieci ad hoc w standardzie IEEE 802.11b/g i obejmuje klientów mobilnych typu mesh oraz statyczne szkieletowe routery mesh. Hierarchiczna architektura WMN została zaimplementowana z wykorzystaniem projektu klastra domeny administracyjnej (AD) w strukturze hierarchicznej. W modelu każdy router IP został dynamicznie przypisany jako AP dla każdego z czterech węzłów mesh WLAN w klastrze - wzorcu bazowym.

Modelowana architektura z węzłami mesh jest włączona za pomocą losowego modelu bezprzewodowego waypoint. Dodatkowo, jako routery szkieletowe zostały przypisane routery siatkowe z funkcjami bramki IP. W modelu, 18 źródeł ruchu: Przyjmuje się, że transmisje MPLS, Acer, MPLS VPN i transmisje z jednego źródła mają maksymalną średnią prędkość transmisji ruchomej 5 m/s. Routery bramek IP 25 mesh są umieszczone w wielu AD 100 węzłów klientów mesh. Analiza odbywa się pomiędzy transmisją normalnych pakietów ruchu i porównywana jest z ruchem zoptymalizowanym przez ALSTE-RP w modelowanym środowisku symulacyjnym, a następnie wyniki te są oceniane i porównywane ze scenariuszami w czasie rzeczywistym.

TE włączył konfigurację IP i dynamiczne przydzielanie adresów węzłów w sieci, natomiast atrybuty ALSTE-RP są włączone w zaawansowanych atrybutach modelu symulacyjnego OPNET 16.0 wraz z funkcjami bramki routera IP. Te atrybuty ALSTE-RP są używane do aktywowania technik inżynierii ruchu i przepływów transmisji. Te adaptacje scenariuszy ruchu bezprzewodowego zostały włączone w węzłach klienta sieci mesh modelu WMN. Dodatkowo funkcje bramki IP zostały włączone w atrybutach zaawansowanych protokołu routingu, routerach mesh, AP do transmisji tras szkieletowych oraz komunikacji międzydomenowej.

Scenariusz mobilności oparty jest na modelu losowych punktów orientacyjnych. Każdy węzeł i router siatkowy rozpoczyna swój ruch do losowego celu z losową prędkością, V (równomiernie rozłożoną i nie wyższą niż Vmax, gdzie jest podzbiorem {0, 1, 2, 3}. Stosujemy czas przerwy 15 sekund na kolejną transmisję ruchu. Dla scenariusza ruchu zastosowaliśmy stałe źródło bitowe (CBR). Pakiety mają długość 512 bajtów i są generowane z prędkością 4 pakietów na sekundę.

W symulacji badaliśmy wpływ technik TE na przepustowość, trasę napowietrzną, opóźnienie od końca do końca, współczynnik dostarczenia, mobilność ruchu, skalowalność i niezawodność. Metryki przedstawione w następnej sekcji są wykorzystywane do pomiaru skuteczności technik bezpieczeństwa TE.

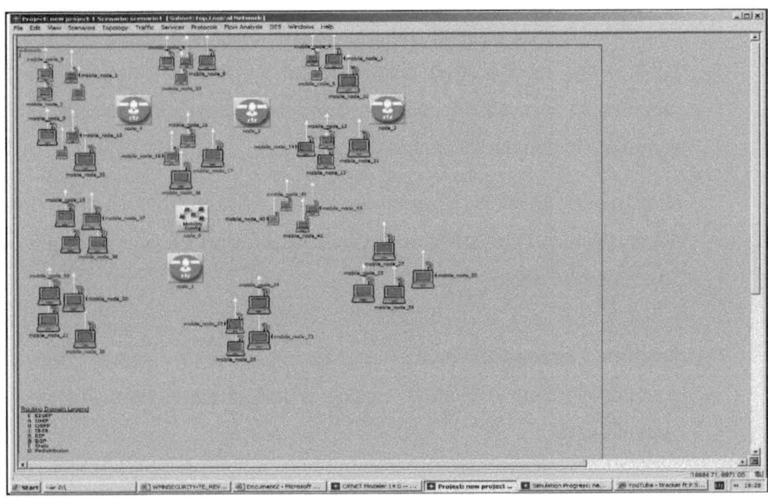

Rysunek 3.6: Model WMN zaimplementowany w OPNET 16.0 Modeller do symulacji ALSTE-RP.

3.5.1. Metryka wydajności

Aby przeanalizować wydajność ALSTE-RP w naszym eksperymencie, definiujemy następujące metryki wydajności:

- **Proporcja dostawy paczki**: Stosunek pomyślnie odebranych pakietów danych w miejscu docelowym do pakietów danych wysłanych u źródła.

- **Szybkość dostarczania pakietów od końca do końca:** Przepustowość pakietu danych transmitowanego z węzła sieci źródłowej do miejsca docelowego jest udaną, kompleksową transmisją danych w ramach przebiegu symulacji.

- **Średnie opóźnienie od końca do końca**: Czas transakcji polegający na przekazaniu pakietu danych ze źródła do miejsca docelowego, w tym czas całego niezbędnego przetwarzania, wycofania i transmisji oraz uśrednienia wszystkich udanych transmisji danych od początku do końca w ramach biegu symulacyjnego.

- **Niezawodność ruchu drogowego**: Suma pakietów danych pomyślnie dostarczonych w danym czasie transmisji zarówno dla pakietów danych jak i pakietów kontrolnych.

- **Średnia przepustowość:** zdefiniowana jako suma danych dostarczonych do wszystkich węzłów w sieci w danej jednostce czasu (sekundach).

- **Średnie obciążenie ruchem** - definiowane jako stosunek pakietów danych wysłanych do pomyślnie odebranych pakietów danych.

- **Accepted bandwidth** - pasmo wykorzystywane podczas transmisji danych pakietowych.

- **Skalowalność na rosnący węzeł** - niezawodność transmisji i dostarczanie podczas transmisji sieciowej.

3.5.2. *Symulacja Ocena i analiza*

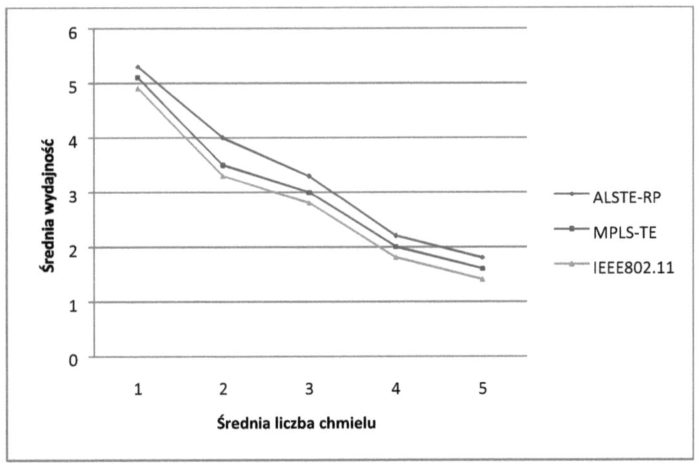

Rysunek 3.7. Wpływ przepustowości w ruchu ALSTE-RP w sieci wielohopowej WMN.

Wpływ pakietów ruchu TE na ruch w sieci WMN multi-hop z wykorzystaniem średniej przepustowości, jak pokazano na rysunku 3.7 w miejscu docelowym, pokazuje wyraźnie na wykresie, że ALSTE-RP ma największy wzrost przepustowości w stosunku do rosnących węzłów multi-hopowych. MPLS-TE działał uczciwie i ma marginalną przewagę nad normalnym IEEE802.11. Średnia przepustowość w porównaniu ze średnią liczbą chmieli w sieci wykazuje spadek przepustowości w stosunku do rosnącej liczby chmieli w sieci. ASLTE-RP wykorzystujący podział ruchu i dedykowane kanały IP pokazał więcej pakietów na wyjściu z powodu tych i wielu innych usprawnień w inżynierii ruchu i strojenia atrybutów routingu ruchu w sieciach.

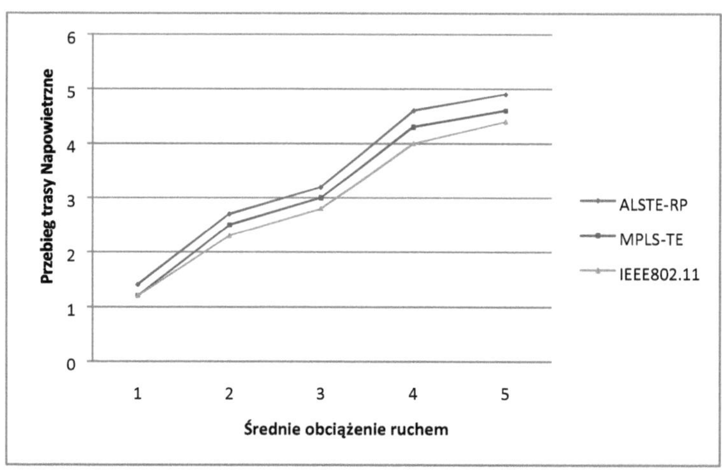

Rysunek 3.8: Wpływ pakietów wieloetapowych na średnie obciążenie ruchem.

Wzrost średniego obciążenia ruchem w sieci WMN wskazuje na odpowiedni, rosnący, wyższy napowietrzny przebieg trasy w sieci WMN, jak pokazano na rysunku 3.8. Firma ALSTE-RP uzyskała spory zysk w dziedzinie routingu obliczeniowego, ale podobnie jak w przypadku IEEE 802.11 i MPLS-TE, także i w przypadku routingu obliczeniowego o niskim poziomie kosztów ogólnych. W optymalizacji trasowania MPLS-TE, obecność wielu LSP podnosi poziom kosztów ogólnych. Chociaż mechanizm ten zapewnia dedykowane trasy alternatywne, na jego różnorodność i optymalną wydajność wpływa wiele LSP w dużych sieciach WAN mesh. Wydajność standardu IEEE802.11 można przypisać obecności licznych zakłóceń i hierarchicznych wąskich gardeł klastrów. Podsumowując, koszty ogólne optymalizacji trasy są wprost proporcjonalne do średniego obciążenia ruchu drogowego.

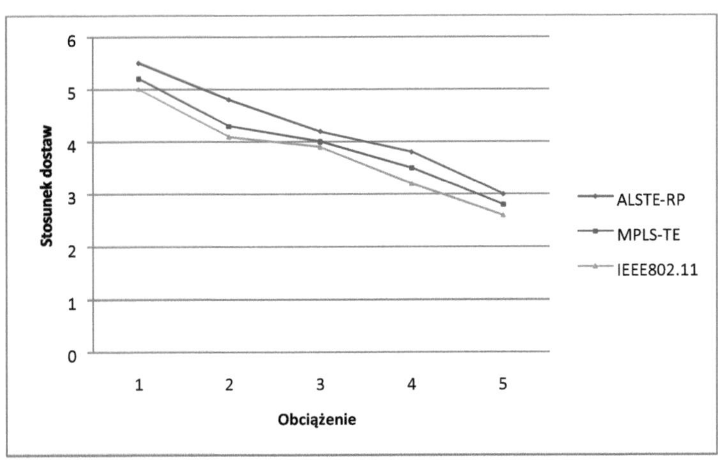

Rysunek 3.9. Stosunek ilości dostarczanych pakietów do różnych obciążeń komunikacyjnych związanych z optymalizacją trasy.

Stosunek źródła do miejsca docelowego dostawy pakietów jest odwrotnie proporcjonalny do obciążenia ruchem w sieci WMN, jak pokazano na symulowanym wykresie na rysunku 3.9. Współczynnik realizacji różnych optymalizacji tras zwiększa się wraz ze spadkiem obciążenia ruchem. W ALSTE-RP można to przypisać stosowanym technikom optymalizacji TE, podczas gdy reszta różnych porównywanych ruchów ma podobne podejście, ale z mniejszym zyskiem.

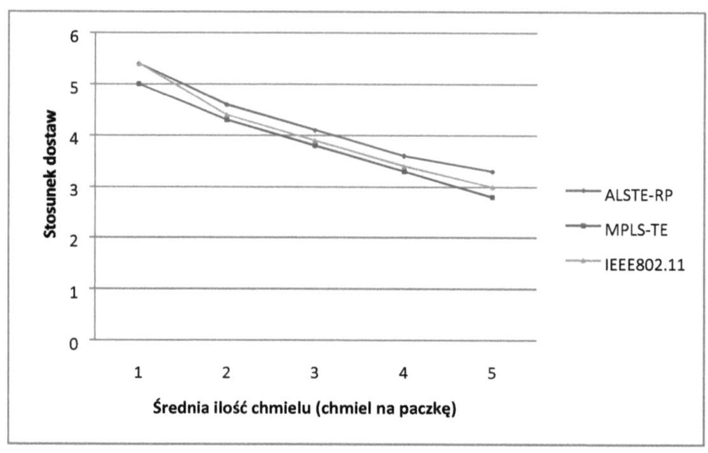

Rysunek 3.10. Stosunek ilości dostarczonych pakietów do średniej ilości chmieli multi-hopowych

Współczynnik dostawy jest również odwrotnie proporcjonalny do liczby chmieli w sieci WMN, jak pokazano na symulowanym wykresie na rysunku 3.10. Im więcej chmieli w dużej sieci, tym większe wyzwania w zakresie skalowalności i routingu kanałów oraz ograniczona przepustowość są również parametrami, które można zakwestionować. Wyzwania te powodują wzrost zakłóceń i zmniejszają szybkość transmisji w stosunku do średniej liczby węzłów w sieciach kratowych. Wynikające z tego efekty węzłów pośrednich oraz węzłów awaryjnych i wąskich gardeł w routingu pakietów można przezwyciężyć za pomocą mechanizmu optymalizacji routingu TE, takiego jak w ALSTE-RP. Podsumowując, ASTE-RP wykazał się wyższą wydajnością w dostarczaniu pod obciążeniem ruchem oraz większą liczbą chmielu w kampusowych sieciach WAN.

3.6. Wniosek

Rozważaliśmy optymalizację routingu z wykorzystaniem technik inżynierii ruchu w sieciach kratowych. Następnie zaimplementowaliśmy technikę inżynierii ruchu nad protokołem routingu WMN (RP) w celu sformułowania wyższej przepustowości pokrycia przy niższych kosztach obliczeniowych, deterministyczny algorytm do rozwiązania problemów skalowalności, równowagi obciążenia i obliczeń niskościeżkowych w WMN-RP. Proponujemy adaptacyjny algorytm protokołu trasowania ruchu typu link-state (ALSTERP) przy najmniejszym koszcie dla WMN. ALSTE-RP jest porównywany do normalnej transmisji pakietów WMN, aby pokazać optymalizację opartą na wydajności. Uzyskana wydajność i analiza wykazuje marginalnie zwiększoną skalowalność, przepustowość i niskie koszty ogólne związane z obliczeniami.

ALSTE-RP zwiększył przepustowość w węźle docelowym WMN. Wynik symulacji i odczytu wskazuje na większą poprawę jakości usług i mniejsze koszty ogólne związane z trasowaniem. ALSTE-RP poprawił zarządzanie kontrolą ruchu i kontrolę nadmiarowości, chociaż zysk z przetwarzania był wyższy, wykazywał lepszą wydajność w połączeniu z siecią mesh. Optymalizacja protokołów routingu wykazała również poprawę czynników antypętleniowych i antypoofingowych w bezprzewodowych protokołach routingu mesh.

Agregacja tras TE i różnorodność tras jest również wbudowana w podstawowe atrybuty ALSTE-RP, tworząc tym samym dostęp do wielu ścieżek i łączność pakietów danych. Dostarczanie pakietów danych i transmisja od końca do końca wykazały poprawę wydajności również przy użyciu ALSTE-RP. Skalowalność testowana w rosnącej sieci kampusowej wykazała dość zwiększoną wydajność w porównaniu z normalnym ruchem w standardzie IEEE802.11.

W operacjach sieciowych w czasie rzeczywistym generalnie poprawia się wykorzystanie wysokiej przepustowości usług i rozwiązywanie problemów z łączem. Zmiana trasy ruchu poprzez redundantną przepustowość łącza zapewnia większy dostęp do zwiększonego wykorzystania przepustowości łącza. Optymalizacja przywraca przepustowość operacji, które są czasochłonne, takich jak trasowanie ruchu w multimedialnym wideo lub strumieniowe transmisje telewizyjne online. W związku z tym zatory w ruchu i przerwy w połączeniach podczas przesyłu są znacznie łagodzone, a opóźnienia zmniejszane.

Ogólnie rzecz biorąc, optymalizacja ALSTE-RP przy użyciu TE w sieci WMN, generalnie zwiększa wydajność przy wysokiej przepustowości danych i jest wysoce skalowalna w komunikacji multimedialnej. Jest on zalecany w przypadku szerokopasmowego dostępu do społeczności i pracy w sieci mesh. ALSTE-RP zapewnia również integralność danych i bezpieczną komunikację. W warstwie routingu WMN z optymalizacją z wykorzystaniem algorytmu ALSTE-RP zapewnia zwiększoną równowagę rozkładu obciążenia i sprawiedliwość w sieci mesh. W ALSTE-RP być może mamy do czynienia z wyzwaniami w zakresie wysokiej obróbki, ale mimo to ma on o wiele większe zalety optymalizacyjne w porównaniu do niego.

ROZDZIAŁ 4

Wireless Mesh Network Security: A Inżynieria ruchu Podejście zarządcze

4.1. Streszczenie

Bezprzewodowa sieć mesh (WMN) jest powstającą wielohopową, heterogeniczną, łatwo skalowalną i tanią siecią. Architektura WMN jest zorientowana na bezkontaktowy, mobilny i dynamiczny ruch pakietów routowanych. Środowisko infrastruktury mesh z łatwością tworzy wiele łańcuchów bezprzewodowych sieci LAN (WLAN) w połączeniu z jednoczesną wielohopową transmisją pakietów danych z urządzeń peryferyjnych za pośrednictwem bramek mobilnych do bezprzewodowej chmury.

WMN działa jako sieć dostępowa do innych technologii komunikacyjnych. Naraża to sieć WMN na liczne wyzwania związane z bezpieczeństwem nie tylko w zakresie bezpieczeństwa operacji transmisji sieciowej, ale również w zakresie ogólnego bezpieczeństwa przed atakami z zewnątrz. Zbadaliśmy i zidentyfikowaliśmy słabości bezpieczeństwa w sieciach szerokopasmowych protokołu internetowego (IP), wyzwania związane z bezpieczeństwem w warstwie routingu WMN oraz zbadaliśmy nowe koncepcje rozwiązywania problemów bezpieczeństwa w WMN z wykorzystaniem mechanizmów rozwiązywania problemów związanych z bezpieczeństwem w inżynierii ruchu (TE). Przeanalizowaliśmy zalety, mocne i słabe strony w zastosowaniu inżynierii ruchu drogowego na podstawie wyników symulacji i ocen.

4.2. Wprowadzenie

WMN [1-4] jak pokazano na rysunku 4.1 składa się z routerów siatkowych, klientów siatkowych oraz infrastruktury szkieletowej mesh. Klienci sieci są mobilni i dynamiczni, podczas gdy router sieciowy ma statyczną lub minimalną mobilność. Te routery mesh tworzą infrastrukturę szkieletową sieci WMN, natomiast klienci mesh tworzą dwa poziomy pracy węzłów: na urządzeniach peryferyjnych i na punktach dostępowych (AP).

WMN działa podobnie jak mobilna sieć ad hoc (MANET) i wykorzystuje mechanizm routingu wielohopowego od węzła źródłowego do węzła docelowego. Jednakże, w odróżnieniu od MANET-u, WMN wykorzystuje wiele interfejsów i wiele częstotliwości radiowych. Ponadto wykorzystuje szybkie sieci back-haul i bramki do optymalizacji wydajności sieci i integracji z innymi sieciami bezprzewodowymi. Routery mesh mogą być również węzłami bramowymi do zewnętrznej chmury internetowej lub do innych technologii sieciowych. Te routery mesh działają jako punkty pomostowe w połączeniach międzysieciowych i integracji z innymi urządzeniami bezprzewodowymi. AP jest interfejsem węzłowym do hostingu i retransmisji; zapewnia integrację pomiędzy klientem mesh a infrastrukturą szkieletową mesh w sieci WMN. WMN jest samokonfigurującą się, samo-organizującą się i samouzdrawiającą się siecią. Te cechy sprawiają, że WMN jest doskonałą technologią dostępu bezprzewodowego do multimediów i szerokopasmowego Internetu społecznościowego (IEEE 802.16) [6].

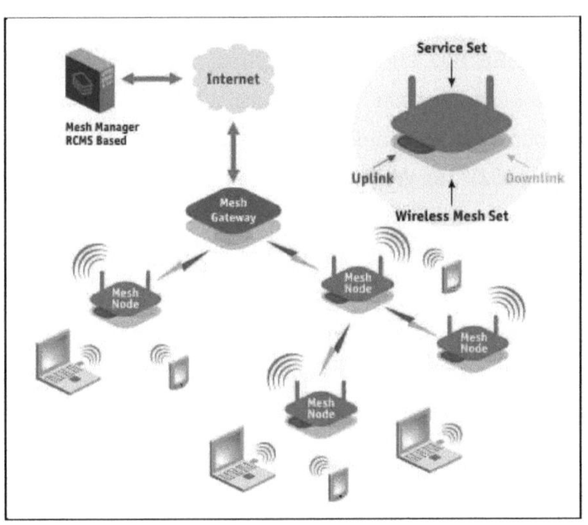

Rysunek 4.1: Scenariusz sieci bezprzewodowej mesh z bramkami internetowymi. [5]

WMN jest standardem IEEE 802.11s [7], w którym grupy robocze pracują nad stworzeniem standardu dla różnych wyzwań i protokołów. Modyfikacje i adaptacje sieci ad hoc dotyczą głównie bezpieczeństwa i protokołu routingu WMN. Doprowadziło to do przyjęcia zabezpieczeń bezprzewodowej lokalnej sieci dostępowej (WLAN, IEEE 802.11i) oraz dostępu chronionego przez WIFI (WPA) [8] dla sieci WMN. Jednak usprawnienia wprowadzone przez fora normalizacyjne przyczyniły się do poprawy w zakresie uwierzytelniania, szyfrowania i integralności bezpieczeństwa WMN. Ponadto, ponieważ większość sieci bezprzewodowych jest obecnie postrzegana głównie jako sieci dostępu do Internetu lub dostawców usług internetowych (ISP), protokół internetowy (IP) jest łatwo konfigurowalny w celu osiągnięcia lepszego kompleksowego bezpieczeństwa w architekturze WMN. Sieć WMN, w przeciwieństwie do sieci ad hoc, posiada cechy komercyjne, takie jak łatwość skalowania, mobilność i dynamiczność, ale cechy te powodują również luki w zabezpieczeniach operacji routingu WMN i warstwy MAC protokołu WMN. W 2004 roku IEEE 802.11i utworzyła grupę zadaniową (TG) [9] w celu przygotowania i usprawnienia standaryzacji WMN. TG miała ratyfikować i przygotować poprawkę standardową w celu spełnienia docelowego wymogu dla WMN (IEEE 802.11s). Wykorzystanie sieci WMN jako bramy dostępu do szerokopasmowego Internetu społecznościowego stwarza coraz większe wymagania w zakresie bezpiecznej komunikacji bezprzewodowej. W odpowiedzi na duże zapotrzebowanie handlowe na obsługę multimediów i sieci szerokopasmowych, ze względu na niską cenę i łatwość obsługi, wysoce wrażliwe aplikacje stworzyły konieczność skutecznego i kompleksowego mechanizmu bezpieczeństwa w sieci WMN.

WMN działają jako sieć dostępowa dla łączy szerokopasmowych. Łącze szerokopasmowe jest niezawodne i odpowiednie dla wielu ważnych operacji komunikacyjnych i aplikacji, takich jak głos, dane i usługi multimedialne. Dostęp do sieci WMN dla szerokopasmowych sieci komunikacyjnych jest zarówno interoperacyjny, jak i łatwo się uzupełnia. Wiele aplikacji sieci bezprzewodowej wykorzystuje sieć szerokopasmową do połączenia z Internetem. WMN, podobnie jak inne aplikacje sieciowe, wykorzystuje adresowanie i konfigurację IP. Większość węzłów transceiver-IP w sieci WMN to klienci typu mesh i routery z funkcjami bramki działającymi jako dostęp do Internetu. Ponadto, routery mesh działają jako sieć szkieletowa, podczas gdy klienci sieci mesh używają średnich adresów kontroli dostępu (MAC) do transmisji ramek pomiędzy sąsiednimi węzłami sieci. Adresy IP są aktywowane przez konfigurację i są przydzielane dynamicznie lub statycznie w warstwie protokołu routingu sieciowego. Inne warstwy WMN, takie jak protokoły warstwy transportowej i sesyjnej, transmitują pakiety routowane po enkapsulacji ruchu danych w IP datagram - protokół UDP (user datagram protocol) lub protokół kontroli transmisji (TCP).

WMN zapewnia dobry potencjalny komercyjny dostęp do sieci szerokopasmowych i multimedialnych dla społeczności. Sieci szerokopasmowe cieszą się coraz większą popularnością ze względu na gwałtowny rozwój aplikacji internetowych i handlu elektronicznego (e-commerce). Sieć WMN jest łatwo skalowalna w ramach rosnących rozmiarów sieci i zapewnia niskie koszty i niskie zużycie baterii. Posiada również dodatkową łatwość integracji z innymi sieciami bezprzewodowymi i przewodowymi. Architektura i działanie obejmuje hierarchiczną transmisję ruchu i pakietów powiadomień sieciowych przez węzły peryferyjne (klienckie) poprzez węzły AP do szkieletowych bezprzewodowych węzłów routera mesh poprzez bramy routera do bezprzewodowych chmur (Internet).

Operacja routingu tego ruchu danych przez sieć o bezprzewodowej architekturze mesh tworzy wrażliwy system bezpieczeństwa spowodowany transmisją ruchu wielohopowego i luźną wymianą danych między węzłami podczas mechanizmu uwierzytelniania między węzłami, podczas routingu informacji o węzłach sąsiedzkich i wymiany nowych aktualizacji węzłów. Ponadto wielohopowa charakterystyka behawioralna sieci WMN stwarza wyzwania w zakresie bezpieczeństwa operacji ruchu podczas transmisji przez bramę do chmury bezprzewodowej. Dynamiczna aktualizacja topologii dodatkowo naraża całe bezpieczeństwo sieci na trwałe i korupcyjne ataki. Niezawodność i uwierzytelnianie [10] ruchu danych w WMN podczas wymiany danych w węzłach sąsiedzkich poprzez stan łącza i w operacjach routingu jest luźna i bardzo niepewna. Łatwość integracji sieci WMN z innymi węzłami bezprzewodowymi i sieciami komunikacyjnymi, takimi jak sieci szerokopasmowe i multimedialne, spowodowała również konieczność zapewnienia ochrony prywatności i mechanizmów bezpieczeństwa [11-13].

Mechanizm rozproszonej sekwencji w ramkach kanałów MAC sieci tworzy również podatność na ataki, podczas gdy węzły klienta sieci komórkowej mesh i wynikająca z tego dynamiczna topologia w bezprzewodowej infrastrukturze mesh stwarzają również potrzebę bardziej efektywnego, odpornego i kompleksowego systemu bezpieczeństwa w sieci WMN. Ograniczenia w bezpieczeństwie WMN stwarzają wyzwanie dla ewentualnych ataków inwazyjnych robaków i wirusów, gdy na atak poprzez prostą dynamikę siatki zostają rozproszone w architekturze. Ataki te zagrażają poufności, integralności i naruszają prywatność użytkowników sieci. Co więcej, węzły mogą być również narażone na szwank przez działanie transmisji ruchu, niezweryfikowaną wymianę informacji o ruchu na routerze oraz infiltrację powiadomień sieciowych. Wreszcie, są inne ataki na WMN, od wandalizmu fizycznego do zewnętrznego fizycznego zniszczenia sprzętu. Wszystko to składa się z możliwych ograniczeń w zakresie bezpieczeństwa WMN. Nadal istnieje wymóg stworzenia kompleksowego mechanizmu zabezpieczającego przed atakami i kontratakami we wszystkich różnych warstwach protokołu i w użyciu WMN.

Sieć WLAN, która jest podzbiorem mechanizmów bezpieczeństwa WMN, wykorzystuje dostęp chroniony przez Wi-Fi (WPA2/IEEE 802.11i) [14] do zapewnienia standardowego uwierzytelniania, kontroli dostępu i szyfrowania pomiędzy węzłami bezprzewodowymi a AP w sieci WMN. Istnieje kilka architektur WMN, a ich bezpieczeństwo różni się w zależności od zróżnicowania infrastruktury. Ponadto te istniejące mechanizmy bezpieczeństwa mogą doskonale sprawdzać się w sieciach ad hoc, ale w mobilnych sieciach ad hoc (MANET) i WMN, które wykorzystują klientów mobilnych węzłów oraz mobilne lub statyczne routery typu mesh, istnieje wymóg opracowania mechanizmu bezpieczeństwa zarządzanego za pomocą sieci mesh w celu dostosowania operacji ruchu transmisyjnego WMN i architektury dynamicznej. Wi-Fi Protected Access (WPA) miał być rozwiązaniem kilku słabych punktów zauważonych w poprzednich sieciach bezprzewodowych o przewodowym ekwiwalencie prywatności (WEP) [15]. Firma WPA wdraża większość standardu IEEE 802.11i i była środkiem przejściowym w miejsce WEP w trakcie opracowywania tego standardu. WPA współpracuje ze wszystkimi bezprzewodowymi kartami sieciowymi, jednak nie jest kompatybilny z bezprzewodowymi punktami dostępowymi pierwszej generacji. WPA2 implementuje pełny standard i oferuje lepsze bezpieczeństwo. WPA używa mniej bezpiecznego mechanizmu trybu "pre-shared key" (PSK) [16] na serwerach uwierzytelniających IEEE 802.1X, który rozprowadza różne klucze do każdego użytkownika w sieci.

Protokół routingu WMN realizuje większość routingu i transmisji danych. Mechanizmy routingu są zróżnicowane i zależą od dynamicznej topologii i ruchu istniejącego w sieci. Węzły IP i routery mesh w architekturze WMN są w większości węzłami bram internetowych. Te węzły IP Klienci Mesh (węzły IP) łączą się z bezprzewodową chmurą poprzez adresowanie z włączonym IP, konfigurację i logiczne TE poprzez zabezpieczony routing interfejsu. W TE, Multi-Protocol LAN Switching (MPLS) [17] wykorzystuje technikę mechanizmu przełączania etykiet do przekazywania danych o ruchu w sieci od źródła do miejsca docelowego z wykorzystaniem najlepszych, rozdzielonych ścieżek. Zapewnia on enkapsulację pakietów, która tworzy bezpieczne ścieżki również dla transmisji danych. Mechanizm ten oferuje również bezpieczną i niezawodną alternatywną ścieżkę dla pakietów kierowanych w sieci. Mechanizm TE [18] jest koncepcją wykorzystującą zasady zarządzania ruchem danych (konfiguracja i lista dostępu) do rozwiązywania problemów związanych z transmisją danych w Internecie i protokołach bramowych oraz wyznaczaniem najlepszej trasy. Technika ta odnosi się również do bezpieczeństwa, wyboru trasy, najlepszej ścieżki i wynikającego z tego efektu optymalizacji przepustowości poprzez te procesy.

W pozostałych częściach tego rozdziału omówimy różne wyzwania i zagrożenia dla bezpieczeństwa w sieci WMN, a istniejący mechanizm rozwiązań w zakresie bezpieczeństwa zostanie oceniony pod kątem zgodności z rozwiązaniami w zakresie bezpieczeństwa ruchu w sieci WMN. W dalszej części rozdziału omówione zostaną różne techniki Multi-Protocol TE, mające na celu rozwiązanie różnych wyzwań związanych z bezpieczeństwem w sieci WMN. Następnie omówiony zostanie projekt techniczny, sformułowanie metryczne i testowanie scenariuszy bezpieczeństwa, ocena i analiza z wykorzystaniem modelu techniki zarządzania TE w bezpieczeństwie WMN. Na koniec, podsumowanie.

4.3 Rodzaje i analiza wyzwań w zakresie bezpieczeństwa w sieci WMN

Charakterystyka architektury i struktury WMN, podobnie jak ad hoc i innych bezprzewodowych sieci telefonii komórkowej, jest podatna na wyzwania związane z bezpieczeństwem. Rozproszona architektura sieci oraz podatność współdzielonego medium bezprzewodowego na zagrożenia związane z dostępnością kanałów i wymianą informacji pomiędzy klientami z sąsiedztwa narażają sieć WMN na te ataki bezpieczeństwa. WMN jest dynamiczną siecią typu multi-hop i te częste zmiany w topologii wymagają uwierzytelnienia bezpieczeństwa w celu aktualizacji powiadomień. Ataki bezpieczeństwa mogą wystąpić w warstwach routingu, aktualizacjach węzłów-klientów i jako powiadomienie o zatruciu wiadomości. W związku z tym bezpieczeństwo IEEE 802.11s nie jest jeszcze w pełni znormalizowane. Niektóre z tych ataków i osłabienia bezpieczeństwa [19] są:

- Zagłuszanie sygnału
- Distributed Denial of Service (DDoS)
- Ataki wyczerpania baterii
- Atak przez dziurę wodną
- Atak czarnej dziury
- Ataki ujawnienia lokalizacji
- Ataki na fałszywe wiadomości
- Atak przyspieszający
- Spoofing infrastruktury bezprzewodowej
- Kradzież napadu służbowego
- Ataki powodziowe w ruchu drogowym
- Skrytka podręczna i atak przepełnienia stołu

- Atak na wyczerpanie zasobów
- Kucie
- DNS spoofing
- Manipulowanie
- Atak fizyczny

Ataki te powodują negatywne zakłócenia, uszkodzenie wiadomości, infiltrację sieci i deprecjację zasobów sieciowych. Podsumowując, ataki te niszczą i narażają na szwank sieciowy handel danymi. Ataki te są wymierzone w istotne elementy sieci, takie jak AP, żywotność baterii, mobilność węzła, tabelę routingu i pamięć podręczną, w tym również w przepustowość sieci WMN. Wyzwania związane z bezpieczeństwem mogą być rozwiązywane za pomocą mechanizmów przeciwdziałających atakom, koncepcji wykrywania włamań [20] oraz rozdzielczości sieci lub rozprzestrzeniania się dotkniętych nimi zagrożeń w sieci. W wielohopowej architekturze sieci bezprzewodowej mechanizm zabezpieczający wykorzystuje kompleksowy klucz zabezpieczający i szyfrowanie typu mesh. Bezpieczna warstwa MAC zapewnia również autoryzację ruchu z sieci mesh, a tym samym dostęp do węzłów sąsiedzkich. Ataki bezpieczeństwa wymienione w tabeli 4.1, w sieci WMN mogą mieć miejsce na warstwie protokołów lub są wieloprotokołowe w komunikacji. Dlatego też najlepszym sposobem rozwiązania tych problemów związanych z bezpieczeństwem pozostaje podejście oparte na wieloprotokołowych rozwiązaniach siatkowych.

W standardzie IEEE 802.11s zidentyfikowano różne warunki dostępu do kanałów bezprzewodowych opartego na konteście i bez połączenia. Mechanizm contention-based w ruchu danych pozwala na back-off przy jednoczesnym zachowaniu połączenia węzła nadawczego z medium bezprzewodowym. Warstwa MAC w drugiej warstwie stosu protokołu zapewnia uczciwy dostęp i transmisję w kanale radiowym. Warstwy MAC [21] w standardzie IEEE 802.11s wykorzystują funkcję współrzędnych (CF), aby zapewnić płynny i bezkonfliktowy dostęp do medium. Ataki zalewowe na warstwę MAC są rozwiązywane za pomocą rozszerzonego dostępu do kanałów rozproszonych (EDCA), który jest funkcją koordynacyjną świadomą QOS [22].

Aby rozwiązać problem ataku, standard definiuje dostęp deterministyczny typu mesh (MDA) [23], który jest ulepszeniem, ponieważ daje dostęp świadomy, bezkonfliktowy i oparty na contention. Ponadto zapewnia on dostęp do uwierzytelniania w oparciu o dostęp sporny, rozwiązując problem ukrytych węzłów w zakresie częstotliwości radiowych powodujących zakłócenia i tworzących wiele terminali odbiorczych ze względu na fakt, że wiele węzłów nadaje w tym samym czasie. Stacje radiowe używają zazwyczaj tych ukrytych węzłów do nadawania i żądania ograniczonej przepustowości, co uniemożliwia nadawanie prawdziwych stacji. Mechanizm ten zapewnia uprzywilejowany dostęp i wyłączne zezwolenia dla stacji na kanał radiowy.

Tabela 4.1: Zagrożenia i ataki bezpieczeństwa na poziomie protokołu WMN

WARSTWY PROTOKOŁU	ZAGROŻENIA DLA BEZPIECZEŃSTWA
Zastosowanie	Wyczerpywanie się zasobów, uwierzytelnianie wniosków
Transport	eDrNroSrs spoofin g, ataki drogowe fałszywe wiadomości
Routing	Black-hole, Wormhole, Grey-hole, rwące się ataki, Ujawnienie lokalizacji, DOS
Łącze danych	Zagłuszanie sygnału, ataki powodziowe

Fizyczny	Sabotaż, kolizja, ataki fizyczne, bateria

Wielodostępny charakter pakietowej transmisji danych WMN do bramek ma istotny potencjał komercyjny, niemniej jednak przyczynia się do pewnych słabości bezpieczeństwa sieci. W bezprzewodowej komunikacji mesh ataki bezpieczeństwa to przede wszystkim przechwytywanie łączy i pakietów, ataki typu denial of service (DoS) [24-25]. Denial of Service (DoS) jest poważnym atakiem bezpieczeństwa, do którego często dochodzi w sieci WMN. W rozproszonym, sekwencjonowanym przetwarzaniu ruchu w sieci bezprzewodowej prowadzi to do gorszego scenariusza zwanego rozproszonym odmową usługi (DDoS). Zagrożenie bezpieczeństwa DDoS występuje najczęściej w sieci WMN, gdy węzły żądające żądanych usług i aktualizacji nie są oferowane w maksymalnym czasie. DoS atakuje dostępność sieci i ogranicza komunikację pomiędzy urządzeniami sieciowymi w zakresie transmisji i odbioru danych. Naruszają one bezpieczeństwo dostępu i uwierzytelniania ruchu we wszechobecnej sieci WMN, uniemożliwiając w ten sposób komunikację transmisji poprzez zatrzymanie urządzenia nadawczo-odbiorczego, a może również łączy. Routery siatkowe, które są głównie infrastrukturą szkieletową w architekturze WMN, są węzłami współrzędnych w topologii hierarchicznej. Chociaż różne WMN mogą łączyć się w bramach i routerach poprzez różne domeny administracyjne (AD), atak DDoS na routery mesh może sparaliżować całą transmisję pakietów danych przez WMN. Zagrożenie DDoS może pojawiać się w warstwie routingu modelu OSI w postaci ataków DDoS typu wormhole, Black-hole i Grey-hole oraz Distributed flooding DDoS, w rozróżnieniu przedstawionym w tabeli 1.

Zarządzanie DDoS jest zawsze bardzo trudne w dużych sieciach WAN. Zużywają one duże zasoby sieciowe w stopniu powodującym, że WMN staje się nieefektywna. DDoS są rozpowszechniane przez naturalną rozproszoną architekturę przetwarzania sieci. Zwykle szybko zalewa on punkt dostępowy (AP) i routery sieci szkieletowej za pomocą tych hierarchicznych punktów kontrolnych w celu przeciążenia komunikacji w ruchu WMN. Użycie sieciowego oprogramowania antywirusowego lub antywirusowego do zwalczania tych zagrożeń zombie DDoS jest zazwyczaj wykorzystywane do neutralizowania ataków i niszczenia zombie DDoS. DDoS może być również atakiem powodziowym w sieci WMN, gdzie atak naraża na szwank dużą liczbę klientów sieci mesh w kampusie. Przepełnia on sieć i powoduje zalanie. Powoduje to przeciążenie zasobów sieci i wykorzystanie dostępnej przepustowości.

Mechanizm routingu WMN w transmisji wielohopowej zmienia się od ruchu rozproszonego do wolnego i cichego ruchu w szkielecie i do aktywnej wymiany w urządzeniach peryferyjnych. Napastnicy mogą przeniknąć do mechanizmu routingu i jego działania, zmieniając, manipulując, a nawet podrabiając fałszywe wiadomości lub powiadomienia routerów. Napastnik może modyfikować wiadomości z danymi pakietowymi za pomocą węzłów replikacyjnych w celu przeprowadzenia ataków DDoS. W spoofingu infrastruktury bezprzewodowej napastnik wykorzystuje replikę lub cichy atak "człowieka w środku" do wykonania zagrożenia ujawnienia informacji we wdrożeniu w przedsiębiorstwie takim jak WMN. Ataki te mogą być łagodzone za pomocą metod EAP [26], które umożliwiają uwierzytelnianie się między klientami a infrastrukturą WMN.

Ponadto, w protokole warstwy routingu, tunel i czarna dziura są atakami bezpieczeństwa, które powodują słabe punkty w architekturze WMN. Czarna dziura to sytuacja ataku bezpieczeństwa, w której po otrzymaniu wiadomości z powiadomieniem o żądaniu trasy atakujący twierdzi, że ma połączenie z węzłem docelowym, nawet jeśli jest ono fałszywe, co w konsekwencji sprawia, że węzeł źródłowy kontynuuje wysyłanie do atakującego wiadomości, które nie zostały przekazane do węzła docelowego. Jednak w przypadku ataku cybernetycznego, węzeł źródłowy i węzeł docelowy sieci bezprzewodowej są złośliwie połączone przez robaka, który jest połączeniem o niskim opóźnieniu transmisji. Po ustanowieniu połączenia tunelowego, może ono zostać wykorzystane przez atakującego do naruszenia integralności bezpieczeństwa WMN. W tunelu, napastnik używa technik DDoS, aby zagrozić bezpieczeństwu WMN.

W warstwie fizycznej, manipulowanie zagrożeniami bezpieczeństwa polega na modyfikacji przez napastnika informacji o ruchu danych na kierowanych pakietach. WMN działa na zasadzie wzajemnego zazębiania się i wspierającej sieci hierarchicznej. Jest to sieć podobna do sieci, przeplatająca się i dynamiczna, dlatego podczas przesyłania danych napastnik może zniekształcić numerację sekwencyjną, liczbę chmieli lub inne pole danych ramki. W konsekwencji powoduje to, że zasoby sieciowe zmieniają trasę, przekierowują i rekonfigurują trasy, zabierając przepustowość i czas przetwarzania, a w konsekwencji pogarszając ostateczną wydajność całej sieci WMN. Czasami może to spowodować problem z pętlą, liczyć się z nieskończonością w protokole routingu i wysokimi kosztami ogólnymi w sieci. Sabotaż ma miejsce zazwyczaj wtedy, gdy informacje o routingu nie są sprawdzane pod względem niezawodności i dokładności pakietów danych. Z drugiej strony, "udawany atak" to niemożność zweryfikowania węzła łączącego w sieci mesh lub zdolność napastnika do żądania połączenia lub zachowania się tak, jakby był to router mesh. Ma to miejsce w sieci WMN, kiedy adres źródłowy pakietu danych nie jest weryfikowany.

Dodatkowo, w warstwie fizycznej protokołu WMN mamy również zagłuszanie sygnału. Jest to zagrożenie bezpieczeństwa, które pojawia się, gdy napastnik blokuje interfejs węzła nadawczego lub routingu na kanale fizycznym. Zazwyczaj wykorzystują one skoki częstotliwości na węźle komunikacyjnym lub mogą nawet użyć taktyki obrony rozproszenia widma częstotliwości dopasowania w zakresie sygnału komunikacyjnego. To zagrożenie bezpieczeństwa jest bardzo trudne do zapobieżenia za pomocą detekcji włamania, ponieważ napastnik blokuje urządzenia wykrywające. Na pewnym poziomie modelu hierarchicznego, atak I zalewania i częste zagłuszanie ataku w warstwie fizycznej. Optymalizatory częstotliwości rozrzutu, takie jak DSSS (direct sequence spread spectrum) i FHSS (frequency-hopping spread spectrum) są regularnie stosowane w zapobieganiu i wykrywaniu zakleszczeń sygnału, ultraszerokie pasmo (UWB) i różne technologie wielokrotnego dostępu do częstotliwości.

Kolejnym złośliwym zagrożeniem dla bezpieczeństwa jest kucie. W tym scenariuszu napastnik podrabia wiadomości z powiadomień sieciowych i przekazuje błędne informacje do sieci i innych okolicznych węzłów. Błędne informacje dotyczące routingu, takie jak dostępność linków i liczba chmieli, są zazwyczaj fałszowane przez napastnika. Słaba weryfikacja i uwierzytelnianie danych pakietowych w większym stopniu przyczyniają się do tego zagrożenia w WMN. Ponadto, inne zagrożenia i ataki w warstwie routingu, jak pokazano w tabeli 4.1, to atak na wyczerpanie zasobów i ataki rabunkowe. Te zagrożenia bezpieczeństwa w sieci WMN atakują pasmo częstotliwości radiowych, nagłówek węzła, tabelę routingu, pamięć podręczną i baterię routerów węzłowych. W przypadku ataków w pośpiechu i wyczerpania zasobów atakujący stale wysyła przez WMN wiele pakietów żądań trasy w krótkim czasie, tworząc wąskie gardło i zatory dla węzłów w przetwarzaniu tych powiadomień o trasach sieci. Te podstępne ataki wyczerpują lub spowalniają zasoby sieciowe. Występują również ataki topologiczne spowodowane uzyskaniem przez napastnika zmienności informacji topologicznych w warstwie routingu WMN. Napastnicy zazwyczaj podszywają się pod węzeł żądający, poznając przepływy ruchu, zwłaszcza w hierarchicznym protokole routingu, uzyskując węzły kontroli lokalizacji i ostatecznie kontrolując rozprzestrzenianie się informacji w sieci. WMN to przedsiębiorcza sieć bezprzewodowa, która charakteryzuje się zwiększonym wszechobecnym ruchem i łatwo skalowalnym tworzeniem siatki. Cechy te poprawiają jednak dostępność i poufność; istnieje wyraźna potrzeba poprawy niezawodności sieci za pomocą bardziej bezpiecznego systemu, który będzie pasował do dynamicznego mechanizmu siatki WMN. Konstrukcja sieci WMN i mechanizm jej działania pokazały, że istnieje potrzeba bardziej efektywnej, bezpiecznej sieci mesh. Co więcej, migracja sieci bezprzewodowej z sieci ad hoc do MANET i ostatnio WMN tworzy adaptacyjne rozważania projektowe zarówno w zakresie infrastruktury, jak i bezpieczeństwa kontroli dostępu i siatki międzypunktowego łączenia węzłów klienckich.

4.3.1. Mechanizm kontroli dostępu

W standardzie WMN IEEE 802.11s mechanizm kontroli dostępu klienta sieci mesh przyczynia się do bezpiecznej kontroli dostępu do węzłów transmisyjnych w sieci. Może się on wahać od otwartego bezprzewodowego uwierzytelniania do zabezpieczonej trójdrożnej weryfikacji typu handshake, jak pokazano na rysunku 4.2, a także umożliwia dostęp do technologii innych niż sieciowe.

Migracja w technologii bezprzewodowej z sieci doraźnych poprzez MANET i obecnie do istniejącej technologii mesh powoduje zmianę zachowań klientów sieci bezprzewodowych, mechanizmu routingu i dostępu do kanałów w zakresie bezpieczeństwa sieci bezprzewodowych. Ponadto, dzięki bramom kontroli dostępu do bezprzewodowego Internetu, obecnie do węzłów IP w klientach sieciowych i punktach dostępowych stosuje się skonfigurowaną listę dostępu i inne zabezpieczenia. Protokoły routingu tak naprawdę nie posiadają udogodnień dla bezpieczeństwa routingu multi-hopowego lub niezawodności i integralności pakietów transportowych trans mission . We wdrażaniu sieci k, IEEE 802.11s nie zabezpiecza niezaufanych węzłów, jak w sieciach ad hoc. Niektóre koncepcje kontroli bezpieczeństwa sieci ad hoc są jednak z powodzeniem przenoszone i wdrażane w sieci WMN, takie jak uwierzytelnianie powiadomień o routingu z wykorzystaniem certyfikatów cyfrowych, ochrona za pomocą kryptografii symetrycznej z wykorzystaniem haseł wspólnych i podpisów cyfrowych (SAODV) [27], wykrywanie wiadomości i ochrona integralności z wykorzystaniem kluczy publicznych w zabezpieczeniach kluczy wspólnych oraz szyfrowanie łańcuchów haszowych wykrywanie ingerencji w informacje routingu w sieci (SEAD) [28]. Ten cyfrowy certyfikat działa jako przepustka do wzajemnego lub współdzielonego uwierzytelnionego dostępu do klucza. Mechanizm zarządzania bezpieczeństwem może być stosowany w dwóch obszarach sieci WMN z wykorzystaniem dostosowanych technik ad hoc. Działające WMN nigdy nie stosuje szyfrowania ruchu danych. Ponadto rozproszone, sekwencjonowane przetwarzanie danych i transmisja pakietów przekierowywanych w równym stopniu krążą po nieudanych, zabezpieczonych punktach sieci mesh. Najważniejszymi cechami bezpiecznej sieci WMN są dostępność, integralność i poufność.

Ponadto, w modelu EEE802.11, technologia kontroli międzysieciowych punktów dostępowych oferuje różne rodzaje ruchu, które mogą być przyczyną niepewnej komunikacji w trakcie trasowania transmisji. Punkty dostępu do sieci bezprzewodowej mesh są punktami transmisji w hierarchicznej sieci WMN do sieci szkieletowej routerów. Odbierają one ruch pakietów danych z bezprzewodowych węzłów klientów sieci mesh i węzłów peryferyjnych w celu dalszej transmisji do routerów sieci mesh lub sieci szkieletowych. Przesyłają one również routowane pakiety do węzłów i węzłów peryferyjnych. W konsekwencji działają one jako węzły stacji nadawczo-odbiorczych. Mechanizm dystrybucji jest przeważnie sekwencyjny i inkrementalny. Bezprzewodowy system sekwencji dystrybucyjnej ułatwia zabezpieczenie IEEE 802.11s poprzez zaszyfrowanie klucza zabezpieczającego za pomocą WEP. W przypadku WPA2-802.11s projekt rozwija się do szyfrowania WDS za pomocą WEP lub AES, a klienci sieci mogą być podłączeni do mesh AP za pomocą alternatywnego mechanizmu zabezpieczającego z lub bez szyfrowania. Dwie techniki łączenia ze sobą komunikacji AP w zaawansowanych 802.11s-WPA2 to m.in:

- Konfiguracja kluczy statycznych na obu końcach WDS i zastosowanie szyfrowania pomiędzy węzłami mesh.
- WPA2-802.11s określa sposób działania mechanizmu 4-kierunkowego uścisku dłoni w WMN. Przekaźniki ruchu siatkowego wykorzystujące tryby WDS dla ruchu międzymiastowego AP są zabezpieczone przez WPA2.

Mechanizm działania i aktualizacji routingu danych w sieci WMN stanowi odejście od istniejącego doraźnego bezpieczeństwa sieci, a technika routerów z wieloma węzłami hopowymi i komórkowymi w infrastrukturze bezprzewodowej w konsekwencji osłabia integralność danych i ogólne bezpieczeństwo sieci. Wymiana międzymiastowa może być regulowana w oparciu o poziomy usług SLA (Service Level of Agreement) w routerze mesh i poziom hierarchii AP oraz umowy spot w węzłach/peryferiach klientów. Ograniczenia dostępu w sieci WMN oparte na konteście wykorzystują CSMA/CA z mechanizmem RTS/CTS w zapobieganiu i rozwiązywaniu problemu wielokrotnego i spornego dostępu, ale cierpi na ataki DoS. Ograniczenia tych konwencjonalnych, przyjętych technik w realizacji bezpiecznej transmisji podczas komunikacji w sieci WMN spowodowały, że konieczne stało się znalezienie możliwego rozwiązania dla tych wyzwań związanych z bezpieczeństwem kontroli dostępu przy użyciu inżynierii ruchu.

4.4. Istniejące środki bezpieczeństwa w sieci WMN

W sieci WMN większość klientów AP i mesh musi być aktywowana za pomocą unikalnego klucza bezpieczeństwa, chyba że węzły AP nie będą się ze sobą komunikować. Obecnie sieć WMN wykorzystuje standardy bezpieczeństwa ad hoc, a kolejna migracja z sieci ad hoc wiąże się z różnicami strukturalnymi i architektonicznymi, które powodują konieczność zapewnienia bezpieczeństwa dla operacji routingu z wykorzystaniem wielu węzłów oraz bezpiecznej wymiany i aktualizacji urządzeń peryferyjnych między węzłami. Wielkość sieci i liczba sąsiadów klientów pomaga w określeniu liczby kluczy sesji. Różne środki bezpieczeństwa w WMN obejmują:

- Uwierzytelnianie
- Kryptografia
- Szyfrowanie
- Firewall
- WEP i WPA2
- Wykrywanie włamań
- Filtrowanie i kontrola listy dostępu IP. IP ruch w wirtualnych sieciach prywatnych (VPN)
- Zarządzanie bezpieczeństwem siatki.
- Kontrola bezpieczeństwa zarządzana przez aplikację sieciową (web-mesh)
- Inżynieria ruchu drogowego wieloprotokołowa siatka bezpieczeństwa

4.4.1. Uwierzytelnianie

W zabezpieczonej komunikacji WMN, integralność pakietu danych od węzła źródłowego do docelowego jest sprawdzana i weryfikowana pod kątem nie podejrzewającego dostępu klienta sieci mesh lub infiltracji, a autoryzacja do zasobów sieciowych jest przeważnie w trybie uprzywilejowanym. Uwierzytelnianie węzłów użytkowników przed uzyskaniem dostępu przyczynia się do zachowania tożsamości węzłów i połączeń w sieci oraz do infiltracji przez nieuczciwe węzły. W WMN niektóre dane i informacje są tajne i wymagają specjalnego hasła dostępu przy logowaniu, aby można je było przeglądać lub kopiować. Dostęp do tych obszarów zasobów sieciowych wymaga uwierzytelnienia węzłów użytkownika. W sieciach multi-hopowych nie ma scentralizowanego uwierzytelniania ze względu na dynamiczny ruch w sieci WMN. Uwierzytelnianie węzłów sąsiadujących z siecią mesh na urządzeniach peryferyjnych podczas wymiany powiadomień sieciowych wykorzystuje technikę uwierzytelniania sekwencyjnego. WMN ma wiele słabych punktów, szczególnie ze względu na to, że jest to system bezprzewodowy, który cechuje się otwartością i medium nie- infrastruktura. Co więcej, osiągnięcie kompleksowego uwierzytelnienia dla dostępu do bezprzewodowych węzłów multihopowych pozwoliło na migrację z sieci ad hoc single hop do mobilnego ruchu MANET i wreszcie do standardów i adaptacji WMN multi-hop.

Początkowo, w sieciach bezprzewodowych ad hoc, gdzie obserwowaliśmy transmisję single-hop, uniemożliwianie złośliwym węzłom lub napastnikowi uzyskania dostępu do zasobów sieciowych wymaga techniki uwierzytelniania wykorzystywanej przez standard IEEE 802.1X, który definiuje dostęp do sieci oparty na porcie. W tym projekcie powiadomienie o rozszerzalnym protokole uwierzytelniania (EAP) jest przekazywane między klientem a portem (WLAN). Protokół do przenoszenia uwierzytelnienia dla dostępu do sieci (PANA) [29] został opracowany później dla dostępu do ruchu w wielu warsztatach. Oferuje on uwierzytelnianie podobne do IEEE 802.1X i jest niezależny od podstawowych technologii dostępu. PANA ma zastosowanie głównie w relacjach punkt-punkt warstwy IP oraz w ruchu wielopunktowym w sieci WMN. Później dokonano ewolucyjnego udoskonalenia EAP i PANA, optymalizując ich właściwości w celu dostosowania projektu do sieci multi-hopowej. Nowy system wykorzystuje EAP nad bezpieczeństwem warstwy transportowej (TLS) w scenariuszu PANA. Działa ona na zasadzie uwierzytelniania, autoryzacji i

rachunkowości (AAA) oraz wykorzystuje wysokoprzetwarzalną i wysokonakładową kryptografię asymetryczną do ustanawiania uwierzytelniania i zarządzania wspólną infrastrukturą klucza publicznego (PKI). Ma jednak wysokie koszty ogólne w obliczeniach. Istnieją również inne mechanizmy, takie jak protokół uwierzytelniania typu "challenge handshake" (CHAP) [30], jak pokazano na rysunku 4.2 oraz message digest 5 (MD5), które są równie elastyczne przy umiarkowanych kosztach ogólnych.

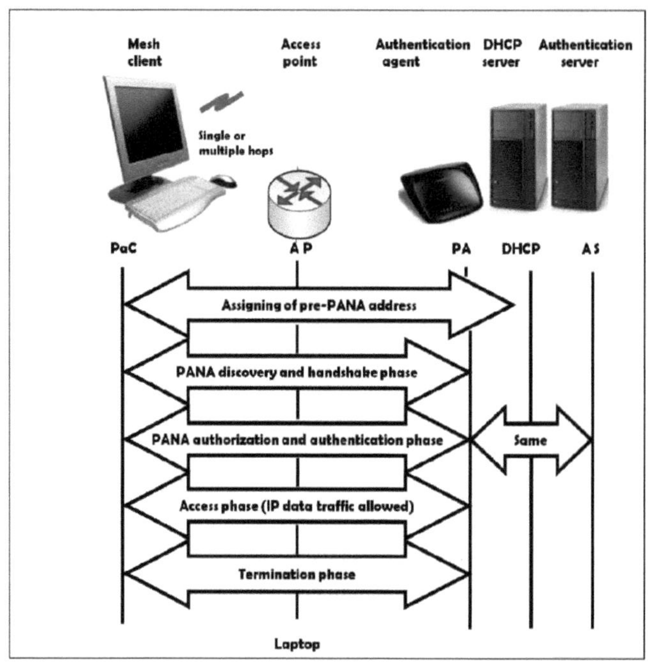

Rysunek 4.2: Mechanizm komunikacji uwierzytelniającej w sieci WMN

Podczas gdy szyfrowanie nagłówka ramki z węzła źródłowego pomoże w stworzeniu wzmocnionej integralności danych w przesyłanych pakietach danych, zajmie się ono również atakami zagłuszania i zalewania, jak pokazano w tabeli 4.1, w warstwach łącza danych protokołu WMN. Jednak zabezpieczony węzeł do węzła i hop-

Szyfrowanie wielościeżkowe typu by-hop rozwiąże problemy związane z bezpieczeństwem wielu ścieżek za pomocą techniki inżynierii ruchu w sieci WMN. Ogólnie rzecz biorąc, kontrola dostępu do kanału MAC poprzez autoryzację, księgowość i uwierzytelnianie (AAA) jest stosowana na każdym interfejsie węzła podczas wymiany powiadomień, a architektura topologii zabezpiecza sieć poprzez filtrowanie, podpisy cyfrowe lub uwierzytelnianie negocjowane (handshake). WEP i WPA wykorzystują odpowiednio 40-bitowe szyfrowanie i inicjalizację wektorową oraz 256-bitową, zarówno dla bezpieczeństwa klienta jak i AP. Podczas gdy WEP współdzieli tajny klucz, który jest statyczny i umożliwia napastnikom analizę i włamanie do sieci, WPA z drugiej strony zapewnia szyfrowanie protokołu integralności klucza czasowego, co umożliwia dystrybucję klucza współdzielonego na każdy pakiet. Jest jednak podatny na ataki DDoS. Te luki w istniejącym systemie bezpieczeństwa nadają kierunek badawczy wykorzystaniu techniki inżynierii ruchu w rozwiązywaniu problemów bezpieczeństwa w sieci WMN.

4.4.2. Mechanizm wykrywania włamań

Zagrożenie bezpieczeństwa WMN, zapobieganie za pomocą systemu wykrywania włamań (IDS) [31] jest prawdopodobnie najskuteczniejszą metodą sprawdzania ataków intruzów i rozwiązywania zagrożeń bezpieczeństwa w sieci. Niemniej jednak, zdecentralizowana architektura sieci i dynamiczny, losowy ruch sprawiają, że monitorowanie i zarządzanie systemem IDS jest bardziej wymagające. IDS dla stacjonarnych sieci bezprzewodowych (ad hoc) i dla WMN są zupełnie inne ze względu na topologię i wspomnianą wyżej architekturę zdecentralizowanej siatki. Względy projektowe i techniki zastosowane w celu opracowania nowego, kompleksowego mechanizmu IDS, uwzględniającego właściwości oferowane przez WMN. Główną ideą przy formułowaniu tych technik jest poprawa wykrywalności i prewencji w sąsiedzkich węzłach mobilnych, w klientach sieciowych oraz zainicjowanie szybszej reakcji na zagrożenie napastników. System IDS wykrywa i reaguje na obecność złośliwych węzłów, łączy lub aktywności w sieci WMN, wysyłając powiadomienie od agenta i zestawiając informacje o aktywności sieci od wszystkich agentów i węzłów. Następnie analizuje zebrane informacje w celu sprawdzenia, czy nie doszło do działań szkodliwych dla bezpieczeństwa WMN. Zdefiniowane limity zasad bezpieczeństwa, limity dostępu i czasu przyczyniają się do dynamicznego określania wydajności i kontroli bezpieczeństwa oprogramowania zabezpieczającego przez administratora. W administratorze bezpieczeństwa system IDS generuje alarm w przypadku stwierdzenia jakiejkolwiek złośliwej aktywności ataku lub zagrożenia dla WMN. W związku z tym IDS inicjuje właściwą reakcję na tę "zagraniczną" działalność.

Czujniki IDS są przeważnie wdrażane dynamicznie w skalowalnych sieciach WAN w celu uzyskania zasięgu i reakcji klientów węzłów peryferyjnych. Współpracuje ze sobą w zakresie gromadzenia powiadomień o alarmach i reagowaniu za pomocą czujników. Architektura i domniemane zagrożenie determinują charakter systemu IDS, który ma zostać zainstalowany. Hierarchalne sieci bezprzewodowe i płaskie otwarte sieci bezprzewodowe różnią się od siebie pod względem działania i te cechy decydują również o miejscu instalacji systemu sygnalizacji włamania oraz o rodzaju systemu sygnalizacji włamania, który ma być zainstalowany. W hierarchii, głowice klastrów sterują pozostałymi węzłami w klastrze i dostarczają funkcjonalności do rozproszonego systemu w odpowiedzi na komunikat i żądanie. Punkty dostępowe z siatkami umożliwiają łatwe wykrywanie integracji i prewencyjną kontrolę zagrożeń i napastników bezprzewodowych. Klienci korzystający z sieci w klastrach, autonomicznych systemach sąsiedzkich lub domenie mogą korzystać ze wspólnego i wzajemnie wspomagającego się systemu monitorowania i zarządzania wydajnością.

4.4.3. *Inżynieria ruchu - Zarządzanie bezpieczeństwem*

Na rysunku 4.3. zaproponowano model zarządzania bezpieczeństwem TE dla bezpieczeństwa WMN. Ten model zarządzania bezpieczeństwem jest techniką kumulacyjną w skoordynowanym procesie funkcji inkrementalnych. Ten model zarządzania bezpieczeństwem wnosi do istniejącego bezpieczeństwa WMN dodatkowe cechy różnorodnych mechanizmów rozwiązywania problemów bezpieczeństwa MPLS, VPN i IPSec. Składa się on z trzech różnych technik bezpieczeństwa TE: MPLS, MPLSVPN [33] i VPN-IPSec [34], wszystkie działające w mechanizmie sekwencji przyrostowej. Te ataki bezpieczeństwa najlepiej rozwiązywać za pomocą metod prewencyjnych, ale najtrudniej je przewidzieć. Wskazują one wyraźnie, że systemy kontroli bezpieczeństwa w ramach zarządzania opartego na współpracy, przedstawione na rysunku 4.3, zapewnią potrzebne najlepsze ogólne praktyki w zakresie ograniczeń dostępu i uwierzytelniania, podnosząc jednocześnie poziom poufności, integralności danych i prywatności w ramach sieci WMN. Ideą jest osiągnięcie wieloprotokołowego i kompleksowego rozwiązania kontroli bezpieczeństwa w sieci WMN, mając na uwadze, że niektóre zagrożenia i ataki występują jednocześnie na różnych warstwach modułów warstwy OSI.

Ograniczające wyzwania związane z kontrolą dostępu do kanałów MAC, na które zwrócono uwagę w tym rozdziale, a które nie są objęte mechanizmem protokołu routingu w połączeniu z otwartą, bezprzewodową kontrolą bezpieczeństwa i wykrywaniem w środowisku sieci bezprzewodowej, mogą zostać złagodzone poprzez połączenie i integrację wszystkich modeli bezpieczeństwa zarządzania TE, jak pokazano na rysunku 4.3, oraz dalsze połączenie ich z kontrolą bezpieczeństwa aplikacji internetowych, takich jak HTTPS. W standardzie IEEE 802.11 połączenie wielu systemów sieciowych WLAN i ad hoc w łatwo skalowalnej i heterogenicznej sieci wielohopowej tworzy architekturę mesh. Zarządzanie bezpieczeństwem WMN może wykorzystywać połączenie zaufanego klucza współdzielonego i kryptografii z wykrywaniem włamań do zabezpieczenia sieci. Projekt zabezpieczenia może również stosować ograniczenia zapory sieciowej, HTTPS, zwłaszcza dla protokołu internetowego i innego adresowania między sieciami podczas konfiguracji systemów bezprzewodowych. W bezpieczeństwie dostępu kontrolowanego przez IP w sieci WMN, kontrola dostępu, firewall, WEP i WPA były używane zamiennie, a czasami w kombinacjach do zabezpieczenia systemów bezprzewodowych, ale nadal obserwujemy ataki i wady w routingowaniu i transmisji pakietów danych. Zauważamy również naruszoną integralność danych i bezpieczne ataki na prywatność w WMN. Dlatego też analizujemy różne zagrożenia bezpieczeństwa i ataki z wykorzystaniem proponowanego modelu zarządzania bezpieczeństwem TE przedstawionego na rysunku 4.3. Mechanizmy modelowe MPLS, MPLS-VPN i VPN-IPSec są zaimplementowane w architekturze WMN przy użyciu OPNET 14.5 Modeller w sekcji 4. Badamy różne poziomy modelu zarządzania bezpieczeństwem.

A) MPLS-TE

Po pierwsze, na rysunku 4.3. zaproponowano wieloprotokołowy mechanizm zabezpieczający dla różnych wyzwań związanych z bezpieczeństwem wielowarstwowym w sieci WMN jako kompleksowe rozwiązanie dla zagrożeń dla bezpieczeństwa wielowarstwowej sieci WMN oraz dla integralności i dostępności ruchu danych w sieci wielowarstwowej. Mechanizm MPLS, jak pokazano na rysunku 4.4, oferuje jeden z najlepszych projektów i technik bezpieczeństwa TE dla bezprzewodowej sieci mesh w rozwiązywaniu problemów związanych z bezpieczeństwem. MPLS jest technologią przełączającą, która przekazuje pakiety danych przez sieć za pomocą znaczników etykiet dołączonych do nagłówków tych przekazywanych pakietów poprzez dedykowane ścieżki ruchu. MPLS działa na warstwach 2 i 3, które czasami mogą przecinać nawet warstwę protokołu transportowego. Jest to zatem technika wieloprotokołowego przełączania ruchu danych.

Mechanizm działa z wykorzystaniem etykiet dołączonych lub oznakowanych, ianalogicznie do ramki szyfrującej nagłówek w innej transmisji bezprzewodowej przed wejściem do sieci rdzeniowej MPLS, modyfikowanych w miarę jak pakiety przechodzą przez sieć, a te oznakowane etykiety są wyrzucane w docelowych węzłach sieci. Enkapsulowane dane MPLS zapewniają uwierzytelnianie linków z infiltrujących węzłów atakujących, takich jak w scenariuszu ataków DoS oraz w zagrożeniach dla bezpieczeństwa, takich jak tunele, szare dziury i czarne dziury, gdzie dostęp do informacji sieciowych jest zagrożony. Do spoofingu DNS zniechęca również enkapsulacja nagłówka IP w tagu. Zagłuszanie sygnału i zniekształcanie wiadomości o zablokowanym ruchu danych, ale w odróżnieniu od rozchodzenia się i blokowania częstotliwości stosowanego w innych bezprzewodowych sieciach jednokierunkowych, enkapsulacja tunelu zapewnia mechanizm uwierzytelniania i ochronę danych w transmisji. W sieci mesh, znaczniki są usuwane, gdy pakiety wychodzą z sieci rdzeniowej do węzła docelowego. Zapewnia to również weryfikację aktualizacji między węzłami i niezawodność.

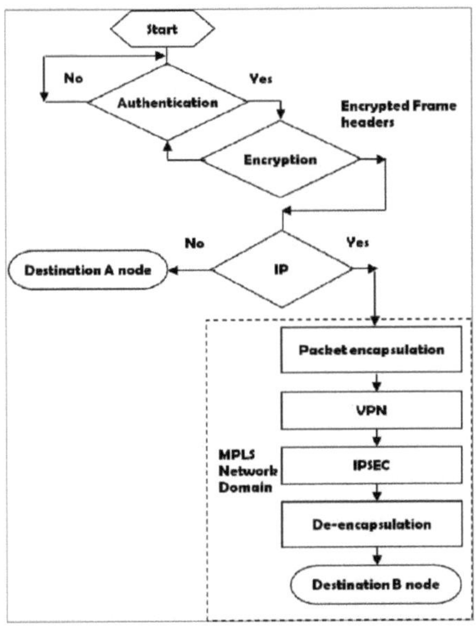

Rysunek 4.3: Schemat blokowy ilustrujący mechanizm projektowania bezpieczeństwa dla inżynierii ruchu drogowego

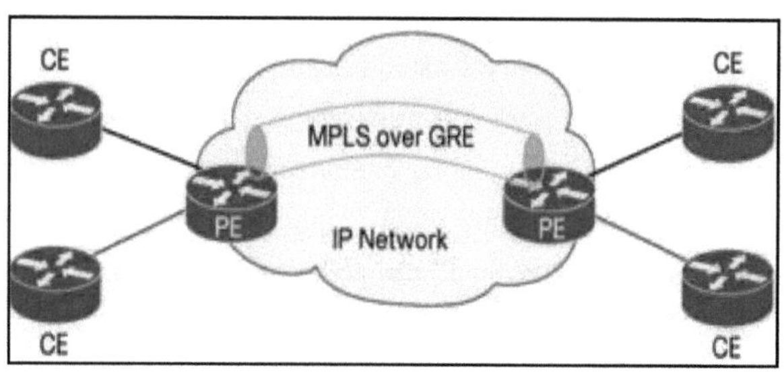

Rysunek 4.4: Prosty mechanizm MPLS w sieci bezprzewodowej [32]

Oprogramowanie MPLS-TE umożliwiło obsługę szkieletu MPLS przez infrastrukturę szkieletową routera mesh w celu odtworzenia i zwiększenia inżynierii ruchu w kampusie WMN. Z drugiej strony, TE jest ważnym elementem adaptacji bezpieczeństwa dla szkieletów operatorów internetowych i dostawców usług internetowych (ISP). Bezprzewodowa sieć szkieletowa infrastruktury musi obsługiwać ruch wielohopowy i dynamiczny o dużej przepustowości transmisji, a sieci muszą być bardzo odporne na zagrożenia bezpieczeństwa, tak aby mogły obsługiwać połączenia WMN lub awarie węzłów w ruchu danych.

MPLS-TE zapewnia również zintegrowane podejście do bezpieczeństwa w inżynierii ruchu, szczególnie w operacjach routingu sieci WMN. TE optymalizuje routing ruchu IP pod względem niezawodności i integralności, biorąc pod uwagę ograniczenia narzucone przez pojemność szkieletową i dynamiczną topologię sieci mesh. MPLS-TE zapewnia bezpieczne trasy i enkapsulowane przepływy ruchu routowanego w sieci WMN w oparciu o dynamiczny przepływ ruchu i zasoby dostępne w sieci. MPLS zapewnia również priorytetowe przepływy ruchu i wydajną transmisję końcową, z dużą uwagą poświęconą zachowaniu przepustowości, która w sposób niezamierzony kontroluje zagrożenia związane z atakami na wyczerpanie zasobów przepustowości poprzez alarmy o niskiej przepustowości. Zagrożeniom związanym z atakami typu "route cache" i "overflow" oraz atakami typu "flooding", które w większości przypadków wyczerpują dostępność pasma, można również zapobiec poprzez alarmy wykrywania włamań i dynamiczną kontrolę rozdzielczości MPLS. MPLS-TE over WMN automatycznie adaptuje uszkodzone łącza i odzyskuje martwe węzły za pomocą nowych limitów routingu i aktualizacji najkrótszych łączy ścieżek.

Łączność w architekturze WMN jest tańsza niż dostęp w zintegrowanej infrastrukturze dostawcy usług internetowych (ISP). MPLS-TE umożliwia dostawcom usług internetowych kierowanie ruchu sieciowego w bezpiecznej technice i zapewnia efektywną i wysoce zabezpieczoną usługę łączności z transmisją końcową do swoich użytkowników z małymi opóźnieniami i mniejszymi opóźnieniami, wykorzystując przepustowość i opóźnienie jako zaletę. W technice TE, routery mesh widzą tylko w pełni siatkową wirtualną topologię, co sprawia, że większość miejsc docelowych pojawia się w odległości jednego kroku od siebie. Dlatego też autentyczność łączących się węzłów i łączy transmisyjnych jest weryfikowana za pomocą jawnej warstwy tranzytowej warstwy 2, która daje precyzyjną kontrolę nad sposobami zabezpieczania dostępnej przepustowości. Zapewniają one środki bezpieczeństwa przeciwdziałające zagrożeniu dla węzłów i łączą ataki oparte na infiltracji, takie jak wyczerpywanie się zasobów, ataki typu wormhole i Black-hole.

Dzięki MPLS-TE nie trzeba ręcznie konfigurować urządzeń sieciowych, aby skonfigurować wyraźne trasy. Zamiast tego, mechanizm MPLS-TE opiera się na funkcjonalności współrzędnych, aby umożliwić topologię szkieletu i automatyczny proces sygnalizacji. MPLS-TE odpowiada za przepustowość łącza i wielkość przepływu ruchu podczas określania wyraźnych tras przez szkielet. Ponadto, inżynieria ruchu MPLS posiada dynamiczny mechanizm adaptacyjny, który zapewnia bezpieczny mechanizm TE w szkielecie WMN.

Mechanizm ten sprawia, że routery szkieletowe są bardziej odporne na awarie węzłów i łączy podczas ataków powodziowych dzięki szybszemu ponownemu obliczaniu bezpiecznych wielostratw. MPLS-TE to sposób na osiągnięcie takich samych korzyści TE, jak w przypadku zabezpieczonych wielu ścieżek w architekturze WMN, bez konieczności uruchamiania oddzielnych sieci. Mechanizm MPLS-TE nie szyfruje danych, lecz opiera się na znaczniku umieszczonym w nagłówku danych IP, który zabezpiecza integralność pakietu danych podczas transmisji.

MPLS-TE automatycznie konfiguruje i utrzymuje bezpieczny tunel przez infrastrukturę szkieletową routera sieciowego do węzła docelowego. Trasa ruchu wykorzystywana przez bezpieczny tunel w dowolnym momencie jest określana w oparciu o wymagania dotyczące zasobów tunelu i zasobów sieciowych, takich jak szerokość pasma. Zasoby szkieletowe WMN są zalewane za pomocą rozszerzeń do zabezpieczonego protokołu IGP (Interior and (exterior) Gateways Protocol) opartego na łączu międzystanowym, ale weryfikowane i uwierzytelniane na potrzeby kontroli dostępu. Tunele ścieżek zapewniają enkapsulację danych o ruchu drogowym i zabezpieczają ścieżkę przed zakłóceniami. Filtrowanie ruchu danych i kontrola dostępu łagodzą zagrożenia bezpieczeństwa, takie jak spoofing DNS, DDoS i ataki typu Black-hole. W przeciwieństwie do zabezpieczeń rozproszonych, MPLS-TE generuje własne ścieżki łączności, uwierzytelnionego dostępu i weryfikacji w sieci WMN.

Ścieżki tunelowe są wstępnie określone i obliczane w głowicy tunelu w oparciu o wymagania pomiędzy wymaganymi i dostępnymi zasobami, co eliminuje wyzwania związane z niedopasowaniem i zaburzeniami kolejności pakietów. IGP automatycznie kieruje pakiety transportowe przez te zabezpieczone tunele. Zazwyczaj pakiet danych z sieci WMN transmitujący przez szkielet MPLS-TE podróżuje po pojedynczym tunelu, który łączy wejście z punktami wyjścia MPLS. MPLS-TE działa na zasadzie tych mechanizmów warstwy IOS: Tunele LSP charakteryzują się interfejsami tunelowymi IOS, wykorzystującymi skonfigurowaną lokalizację docelową, i są ścieżkami jednokierunkowymi.

- Link-state IGP dla globalnego zalewania informacji o zasobach oraz rozszerzenia dla automatycznego kierowania ruchu do tuneli TE LSP.
- Mechanizm obliczania ścieżek MPLS-TE, który określa ścieżki do wykorzystania w LSP, zabezpiecza tunele.
- Moduł zarządzania łączami MPLS-TE, który weryfikuje i uwierzytelnia dostęp do łącza węzłowego oraz rozliczanie informacji o zasobach, które mają zostać zalane. (uwierzytelnianie łączenia węzłów w infrastrukturze sieci bezprzewodowych i rozliczanie zasobów)
- Przekierowanie ścieżek przełączania etykiet, które oferuje routery z możliwością kierowania ruchu przez wiele bezprzewodowych sieci siatkowych typu hops, zgodnie z algorytmem routingu opartym na zasobach.

Ścieżki routingu są postrzegane jako logiczne interfejsy przez router wyjściowy i są mapowane do tunelu jako zabezpieczone ścieżki. W kontekście niniejszego dokumentu te wyraźne trasy są reprezentowane przez LSP i są określane jako tunele inżynierii ruchu drogowego (tunele TE). WMN są zaimplementowane i mogą instalować trasy w tabeli tras, które wskazują na te tunele TE. Ponadto tunele te wykorzystują wyraźne trasy, a ścieżka pobierana przez tunel TE jest kontrolowana przez router, który stanowi jego główny koniec. W przypadku braku usterek gwarantuje się, że tunele TE nie zapętlają pętli, ale routery muszą uzgodnić, jak wykonać tunele TE lub ruch może zapętlić się przez więcej niż dwa tunele.

Technika inżynierii ruchu w routerze wieloprotokołowym IP zapewnia bezpieczną transmisję pakietów danych z węzła źródłowego do węzłów docelowych w sieci WMN. Przepustowość i szybkość konwergencji w TE ma dodatkową zaletę w porównaniu z tradycyjnym protokołem routingu, gdzie decyzja o przekazaniu danych musi być podjęta w każdym routerze lub węźle nadawczo-odbiorczym i jest wieloprotokołowa. Co więcej, bezpieczeństwo łączy i przekierowywanych pakietów jest bardziej zwiększone w mechanizmie TE ze względu na enkapsulację pakietów danych podczas przechodzenia przez te łącza.

Ponadto, MPLS-TE jest łatwo interoperacyjny w adaptacji do innych technologii sieciowych, a także istnieje dodatkowa opcja bezpieczeństwa w postaci rdzenia wirtualnej sieci prywatnej (VPN) poprzez proces segregacji IP-TE. Chociaż ostatnie ustalenia wykazały, że bezpieczeństwo sieci VPN może zostać naruszone przez zagrożenia bezpieczeństwa integralności nośnika i poufności, VPNIPSec [34] w technice domeny MPLS daje dodatkowe zaprojektowane zabezpieczenie, które przy prawidłowej konfiguracji wykazuje wyższy stopień ochrony.

Zagrożenia bezpieczeństwa w WMN-TE skierowały badania na inne rozwiązania projektowe TE w zakresie bezpieczeństwa WMN. Zagrożenia bezpieczeństwa dla zabezpieczonej sieci WMN opartej na TE jako kolejnej tradycyjnej sieci WLAN i bezpieczeństwa sieci ad hoc stworzyły nowe wyzwania, w miarę jak atakujący rozwijali bardziej zaawansowane techniki naruszające integralność i ochronę sieci WMN. W konwencjonalnym routeringu sieciowym z włączonym protokołem IP, pakiety są kierowane przez najlepiej wyznaczoną ścieżkę do węzła docelowego. Reklamowane trasy i routery pośrednie dynamicznie aktualizują i przesyłają pakiety w oparciu o najlepsze decyzje dotyczące trasy. Jednakże, w technice MPLS-TE, sieć MPLS określa, przez którą trasę pakiet przechodzi do węzłów docelowych lub routerów, dzięki czemu można uniknąć wywołania "drop call", awarii łączy i węzłów w transmisji ruchu.

Pakiety są kierowane przez sieć rdzeniową MPLS przez router brzegowy etykiety (LER). Pakiety na tych samych ścieżkach przez sieć rdzeniową MPLS są nazywane klasą równoważności forward (FEC). Najlepsza decyzja o określeniu ścieżki MPLS w odniesieniu do przesyłanych pakietów jest podejmowana na podstawie docelowego adresu IP, docelowego portu i docelowego interfejsu. Po tym następuje zwykłe tagowanie etykietami nagłówka pakietu pomiędzy nagłówkiem IP a nagłówkiem ramki Ethernet. Etykiety są w większości aktywne pomiędzy dwoma węzłami przełączającymi i zapewniają najlepszą ścieżkę do celu poprzez domenę główną MPLS. MPLS-TE umożliwia przekierowanie ruchu przez rdzeń do węzła docelowego poprzez proste wyszukiwanie etykiet, co stanowi odejście od starego, tradycyjnego mechanizmu routingu bezprzewodowego, polegającego na przesyłaniu pakietów poprzez rygorystyczne i wysokoprzetwarzalne aktualizacje tabeli routingu, określanie i wybór najlepszej ścieżki. Wysokie koszty ogólne środków bezpieczeństwa, takich jak szyfrowanie, nie są przestrzegane, natomiast weryfikacja łączenia węzłów i segregacja ruchu z siecią VPN zapewnia kontrolę dostępu i prywatność wymagane w tych sieciach WMN.

Potencjalne zagrożenia bezpieczeństwa w MPLS-TE są analizowane i zapobiegane przez ten mechanizm. Zagrożeniami są informacje zawarte na etykietach, dzięki którym napastnik może użyć nieuczciwego przełączania ścieżek lub nieuczciwego przełączania miejsc docelowych. W przypadku nieuczciwego przełączania ścieżek, napastnik może złośliwie wykorzystać informacje zawarte na etykiecie w celu naruszenia ścieżki inżynierii ruchu, dołączając nieuczciwe informacje o ścieżkach docelowych przed przełączeniem ruchu. W przypadku nieuczciwego przełączania miejsc docelowych napastnik może złośliwie wykorzystać informacje zawarte na etykiecie do przekazania pakietów do niewłaściwej lokalizacji docelowej i w ten sposób naruszyć integralność i niezawodność pakietów w węzłach docelowych. Omija to segregację ruchu dostawcy usług w celu dotarcia do serwera. Przy przyjmowaniu oznakowanych pakietów z zewnętrznego rdzenia

MPLS atakujący jest w stanie wyliczyć etykietę i potencjalnie zagrozić w dwóch scenariuszach: albo wyliczenie ścieżek etykiet, albo wyliczenie celów. Napastnik może zlokalizować docelowy węzeł, taki jak serwer WWW i użyć numeru portu do zwiększenia docelowego numeru adresu IP w znacznym czasie. W tym celu napastnik stosuje wymuszone kodowanie etykiet i mechanizm wymuszania przyrostowego. Rejestrując i aktualizując ścieżki etykiet, napastnik wykorzystuje wiedzę o docelowym adresie IP i etykietach LSP, aby dotrzeć do celu. Stały adres IP jest używany do wysyłania pakietów i otrzymywania potwierdzenia. Głównym celem napastnika jest uzyskanie informacji o odpowiedzi na ścieżce lub celach etykiety.

Informacje zawarte na etykietach mogą zostać zatrute, ponieważ nie są one w rzeczywistości uwierzytelnione, a to oznacza, że atakujący może wykorzystać proces akceptacji informacji LDP z zewnętrznego rdzenia MPLS do manipulowania bazą informacji o etykietach (LIB) urządzeń MPLS. Ta technika może powodować zagrożenia dla bezpieczeństwa DoS i złośliwych współpracowników. W DoS napastnik złośliwie wstrzykuje ścieżki etykiet do sieci, aby spowodować odmowę usługi. Będąc w złośliwym kolaborancie, atakujący może zatruć LIB domeny MPLS. Napastnik może zmienić LIB, aby ruch został przekazany do konkretnego urządzenia. Ruch ten może być przechwytywany i przechowywany w celu późniejszego wykorzystania. Wreszcie, istnieje zagrożenie nieautoryzowanego dostępu do MPLS poprzez routery krawędziowe etykiet (LER).

B) MPLS-VPN

Drugą techniką w proponowanym modelu zarządzania bezpieczeństwem jest MPLS-VPN, jak pokazano na rysunku 4.3. Jest ona powszechnie uznawana za technikę inżynierii ruchu i bezpieczeństwa sieci nowej generacji. Łączy on w sobie inteligencję routingu wielościeżkowego z przełączaniem warstwy 2, zapewniając dodatkowe korzyści dla IP i innych technologii. Ma to kluczowe znaczenie dla stworzenia skalowalnej sieci VPN zapewniającej wysoką niezawodność i jakość usług. Sieć MPLS-VPN wnosi dodatkową technikę szyfrowania, której brakuje w MPLS, a tym samym stanowi uzupełnienie ogólnej integralności pakietów danych. Uwierzytelnianie i szyfrowanie MPLS-VPN może być zaimplementowane w urządzeniach peryferyjnych oraz w topologicznych tabelach węzłów klienta sieci mesh. Szybkie przekierowywanie ruchu i wieloetapowe trasy zwiększają i kontrolują zapotrzebowanie na pasmo w sieciach szerokopasmowych i multimedialnych. Jest on potencjalnie tani i interoperacyjny. MPLS-VPN oferuje ponadto bardzo wysokie bezpieczeństwo sieci jako technika łączona. Pozwala to na zabezpieczanie danych i ścieżek komunikacyjnych do urządzeń peryferyjnych i klientów sieci mesh w WMN. MPLS- VPN wykorzystuje swoją charakterystykę korporacyjną do wykonywania separacji tras i ruchu, ukrywania tras i odporności na ataki. Mechanizm VPN wykorzystuje również szyfrowanie łączy i węzłów, którego MPLS nie posiada, aby uzupełnić bardziej skuteczne zabezpieczenia w sieci WMN.

Sieć MPLS-VPN dzieli tę samą przestrzeń adresową z innymi sieciami bezprzewodowymi bez zakłócania pracy urządzeń sieciowych, takich jak sieć rdzeniowa MPLS i VPN. Co więcej, ruch danych z każdego VPN pozostaje oddzielny i nigdy nie uzyskuje dostępu do innych domen VPN. VPN przydziela i włącza wirtualny routing i przekierowywanie (VRF) poleceń, a router brzegowy utrzymuje oddzielne VRF dla każdego połączenia VPN, co zwiększa bezpieczeństwo ruchu i danych, w związku z tym nie ma zakłóceń pomiędzy VPN na routerze brzegowym. Jest to również ważna jakość dla zdalnej kontroli dostępu i bezpieczeństwa w sieci w środowisku korporacyjnym typu multi-hop. Aby jednak umożliwić rozdzielenie routingu w sieci rdzeniowej w scenariuszu MPLS-VPN, do routera brzegowego dostawcy, identyfikator VPN jest konfigurowany za pomocą wieloprotokołowych bramek granicznych (BGP) w domenach WMN. Oferując to rozdzielenie planów adresowania, routingu i ruchu, MPLS-VPN tworzy wysoce bezpieczną kontrolę dostępu pakietów danych do sieci rdzeniowej MPLS, jak również do sieci VPN. Siatka szkieletowa VPN jest odporna i obsługuje ruch wrażliwy na opóźnienia. Zapewnia to mniejszą liczbę wywołań i mniejszy spadek pakietów w transmisji. Niezawodność i integralność komunikacji WMN jest porównywalnie wyższa.

Kolejną cechą tego procesu jest ukrycie sieci rdzeniowej przed zewnętrznymi potencjalnymi atakującymi, a ta jakość mechanizmu zapewnia ochronę WMN. Sieć MPLS poprzez swój mechanizm i konfigurację utrudnia złośliwemu atakującemu wysyłanie pakietów z zewnątrz do sieci rdzeniowej, np. w przypadku zagrożeń DDoS. Wykorzystuje mechanizm filtrowania pakietów i ochrony prywatności informacji w sieci. Za pomocą odpowiedniej konfiguracji routera można zablokować i zabezpieczyć mechanizm sygnalizacji lub przez napastnika zagrażające routery brzegowe. MPLS-VPN może zapobiegać i rozwiązywać większość ataków w warstwie sieciowej, takich jak spoofing i inne ataki. MPLS-VPN może również dostosować mechanizm bezpieczeństwa IPSec w bezprzewodowych systemach multi-hopowych w celu zapewnienia wyższego poziomu bezpieczeństwa w sieciach krytycznych. Wykorzystaliśmy tunelowanie IPSec w technice MPLS-VPN; VPN wnosi dodatkową technikę szyfrowania, której brakuje w MPLS i dlatego uzupełnia ogólną integralność pakietów danych. Uwierzytelnianie i szyfrowanie VPN może być zaimplementowane w urządzeniach peryferyjnych oraz w topologicznych tabelach węzłów klienta sieci mesh. Proces ten wiąże się z wysokimi kosztami ogólnymi oraz konfiguracją i adresowaniem IP. Metoda projektowania polega na planowej konfiguracji adresu IP w sieci.

C) VPN-IPSec

Mechanizm bezpieczeństwa IPSec przedstawiony na rysunku 4.3, będący wypadkową połączenia sieci VPN i IPSec w domenie MPLS, zapewnia technikę TE do zarządzania uwierzytelnianiem i ochroną danych pomiędzy wieloma klientami sieci kryptograficznej IP angażującymi się w bezpieczny transfer danych. IPSec obejmuje Internet Security Association i Key Management Protocol (ISAKMP)/Oakley oraz dwie główne pod-protokoły

IPSec: Encapsulating Security Protocol (ESP) and Authentication Header (AH). VPN-IPSec używa symetrycznych algorytmów szyfrujących do ochrony danych. Symetryczne algorytmy szyfrujące są skuteczne i łatwiejsze do wdrożenia w sprzęcie. Oba algorytmy oferują bezpieczną metodę wymiany kluczy w celu zapewnienia ochrony danych i prywatności za pomocą protokołów Internet Key Exchange (IKE) ISAKMP/Oakley. IKE wykorzystuje matematyczny algorytm zwany wymianą Diffie-Hellmana do tworzenia symetrycznych kluczy sesyjnych używanych przez dwóch rówieśników kryptograficznych. IKE kontroluje również negocjowanie limitów bezpieczeństwa dla chronionego ruchu danych, siłę kluczy, metody haszowe i ruch są chronione przed utratą ważności.

Proponowany mechanizm VPN-IPSec zapewnia wymaganą technikę zabezpieczania pakietów głosowych przed podsłuchem i modyfikacją. IPSec-VPN przedstawia opcję konfiguracji i indeksów, za pomocą których można podnieść lub obniżyć poziom bezpieczeństwa w różnych zabezpieczeniach danych. IPSec używa licznych zestawów Hash-Message Authentication Codes (HMAC) do wyboru, aby zapewnić różne poziomy ochrony przed atakami, takimi jak man-in-themiddle, packet replay (anty-relay) i atakami integralności danych. Umowa dotycząca bezpieczeństwa ISAKMP dla dwóch klientów sieci mesh, którzy rozpoczną szyfrowanie, jest jednokierunkowym, dwukierunkowym, bezpiecznym kanałem negocjacji, wykorzystywanym przez oba urządzenia kryptograficzne do wzajemnego przekazywania sobie ważnych parametrów bezpieczeństwa, takich jak parametry bezpieczeństwa dla IPSec Security Agreement (tunel danych). Aby wdrożyć technikę VPN z szyfrowaniem, konieczna jest okresowa zmiana kluczy szyfrowania sesji. Brak zmiany tych kluczy powoduje, że sieć VPN jest podatna na ataki rozszyfrowywania z użyciem brutalnej siły. IPSec rozwiązuje problem z protokołem IKE.

VPN-IPSec oferuje oczywiście wysoki stopień prywatności danych poprzez ustanowienie punktów zaufania pomiędzy urządzeniami komunikacyjnymi oraz szyfrowanie danych za pomocą standardu Triple Data Encryption Standard (3DES) lub Advanced Encryption Standard (AES). IPSec są używane do szyfrowania sieci WMN za pomocą sieci WAN, IP VPN lub Internetu. VPN-IPSec może być wdrażany zasadniczo w każdym transporcie IP, w tym w tradycyjnych sieciach WAN (takich jak FR, ATM), IP VPN i Internecie, w sieci WMN mogą być stosowane zintegrowane usługi bezpieczeństwa, takie jak zapora ogniowa (firewall). System zapobiegania włamaniom (IPS) i systemy zapobiegania DDoS są rozwiązywane w ramach zintegrowanej konstrukcji VPNIPSec i częściej na peryferiach węzła. W lokalizacjach stacji czołowej IPSec funkcje bezpieczeństwa były w przeszłości rozproszone lub dedykowane urządzenia. Wdrażamy routery siatkowe i węzły klienckie - akceleracja dla IPSec, aby zminimalizować koszty ogólne aktualizacji routerów, obsługiwać ruch z małymi opóźnieniami/jitterami i zapewnić najlepszą wydajność dla kosztów ogólnych. Użyj cyfrowych certyfikatów/PKI do skalowalnego uwierzytelniania tuneli. Możemy również skonfigurować politykę usług QoS, odpowiednio do potrzeb, na interfejsie routera czołowego i oddziałowego, aby zapewnić wydajność aplikacji wrażliwych na opóźnienia. Wbudowana nadmiarowość i awaryjność z szybką konwergencją z szybką konwergencją źródła i miejsca docelowego zapewnia wysoką dostępność i odporność. Wreszcie, IPSec-VPN zapewnia tunelowanie bez konieczności przechodzenia przez protokół bramki.

4.5. Modelowanie, symulacje środowisk i czynników

Rysunek 4.5 przedstawia model WMN zaimplementowany w OPNET 14.5 Modeller dla bezpieczeństwa TE. Model ten jest przystosowany do pracy w sieci ad hoc opartej na standardzie IEEE 802.11b/g, w tym do pracy z klientami telefonii komórkowej typu mesh i statycznymi szkieletowymi routerami mesh. Hierarchiczna architektura WMN została zaimplementowana za pomocą projektu klastra domeny administracyjnej (AD). W modelu tym router IP został statycznie przypisany jako AP dla każdego z czterech węzłów WLAN w klastrze, podczas gdy pozostałe węzły są włączane za pomocą modelu random waypoint wireless jako klienci sieci mesh. Dodatkowo, jako routery szkieletowe zostały przypisane routery siatkowe z funkcjami bramki IP. Do symulacji wykorzystano standard bezpieczeństwa sieci ad hoc IEEE 802.11i ze względu na trwającą standaryzację bezpieczeństwa WMN.

W modelu przyjęto, że 18 źródeł ruchu ma maksymalną średnią prędkość 3 m/s. Routery bramek IP 25 mesh są umieszczone w wielu AD 60 węzłów klientów mesh. Wymiana węzłów IP i routerów jest zabezpieczona techniką szyfrowania VPN, podczas gdy routery szkieletowe i AP są skonfigurowane tak, aby wykorzystywać uwierzytelnianie do kontroli dostępu. IPSec są również skonfigurowane do zabezpieczenia tunelu VPN i węzłów routera bramek. Techniki bezpieczeństwa TE, a mianowicie IEEE 802.11i, MPLS, MPLS-VPN i VPN-IPSec, są modelowane i symulowane w modelu WMN. MPLS-VPN jest tworzony w centrum ruchu i konfigurowany w routerach mesh i klientach modelu WMN.

Sieć VPN jest tworzona w konfiguracji IP i dynamicznym przydzielaniu adresów węzłów w sieci, podczas gdy atrybuty IPSec są włączone w atrybutach zaawansowanych i razem z funkcjami bramki routera IP. Atrybuty IPSec są używane do aktywacji tunelowania w modelach VPN-IPSec. Adaptacje te zostały włączone w węzłach klienta sieci mesh modelu WMN. Dodatkowo, funkcje bramy IP zostały włączone w zaawansowanych atrybutach IPSec, routerach mesh, AP do transmisji tras szkieletowych i komunikacji międzydomenowej.

Scenariusz mobilności oparty jest na modelu losowych punktów orientacyjnych. Każdy węzeł i router siatkowy rozpoczyna swój ruch do losowego celu z losową prędkością, V (równomiernie rozłożoną i nie wyższą niż Vmax, gdzie jest podzbiorem {0, 1, 2, 3}. Używamy czasu pauzy 15 sekund do kolejnej transmisji ruchu. Zastosowaliśmy stałe źródło bitowe (CBR) dla scenariusza ruchu. Pakiety mają długość 512 bajtów i są generowane w 4 pakietach na sekundę.

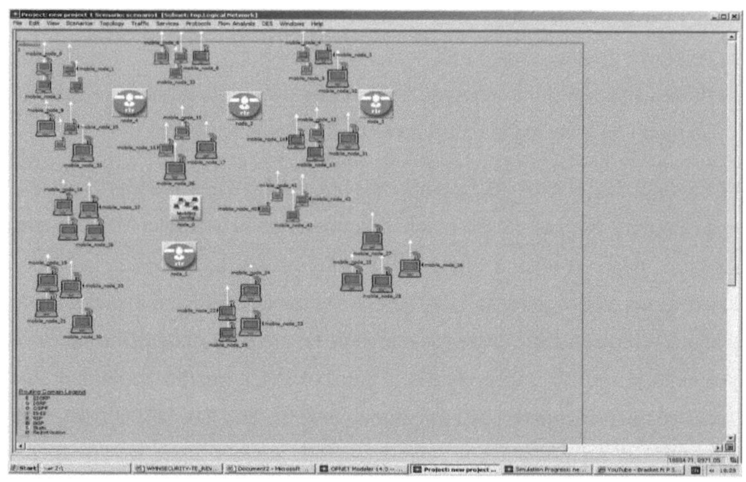

Rysunek 4.5. Model WMN zaimplementowany w OPNET 14.5 Modeller do symulacji bezpieczeństwa TE.

W symulacji badaliśmy wpływ technik bezpieczeństwa TE na przepustowość, trasę napowietrzną, opóźnienie od końca do końca, współczynnik dostarczenia, mobilność ruchu oraz atak zalewowy ruchu (tj. DDoS) przez współczynnik odrzucenia, zakłócenia i uszkodzone węzły. Do pomiaru skuteczności technik bezpieczeństwa TE stosuje się następujące metryki:

- Packet delivery ratio (PDR) - definiowany jako stosunek ilości pakietów danych odebranych na stacji docelowej do całkowitej ilości pakietów danych skierowanych lub przesłanych przez węzeł źródłowy.

- Średnie opóźnienie od końca do końca - zdefiniowane jako średni czas potrzebny na dostarczenie pakietu danych z węzła źródłowego do węzła docelowego
- Średnia przepustowość - definiowana jako suma danych dostarczanych do wszystkich węzłów w sieci w danej jednostce czasu (sekundach).
- Średnie obciążenie ruchem - definiowane jako stosunek pakietów danych wysłanych do pomyślnie odebranych pakietów danych.
- Average Hop-counts - definiowane jako całkowita liczba skoków dla pakietów danych od węzła źródłowego do węzła docelowego w danym czasie jednostkowym (sekundy).
- Współczynnik odrzucenia - jest to współczynnik określający stosunek między liczbą przychodzących żądań konfiguracji pasma (w megabitach), które są odrzucane (ponieważ można znaleźć odpowiedni tunel, który poprowadzi żądanie między parą węzłów IE), a całkowitą liczbą przekierowywanych żądań.
- Współczynnik gęstości topologicznej - gęstość węzłów w obszarze topologicznym AD.
- Zakłócenia - opóźnienie w przepływie transmisji
- Pasmo odebrane - pasmo wykorzystywane podczas transmisji

1.5.1. Symulacja, ocena i analiza

Na rysunku 4.6. 802.11i wypadł najgorzej i można to przypisać zaobserwowanym zakłóceniom i upuszczaniu pakietów w medium bezprzewodowym. Wykres pokazuje niezwykłą bezpośrednią proporcjonalność między średnią przepustowością a średnią liczbą chmielu w WMN. VPN-IPSec wykazał wyższy ruch pakietowy w przepustowości w porównaniu do MPLS i MPLS-VPN dzięki bardziej efektywnej kryptografii, szyfrowaniu i uwierzytelnianiu tunelowanej ścieżki w VPN, bezpieczeństwu domeny MPLS dla pakietów oraz oddzielonych i pozbawionych zakłóceń tras dla pakietów ruchu. Wykres przedstawia większą ilość chmielu w miarę wzrostu przepustowości WMN. Pokazuje to ogólny wzrost bezpieczeństwa ruchu pakietowego w zakresie wydajności.

Na rysunku 4.7. porównano ruch danych kierowany do poszczególnych węzłów ze średnim obciążeniem ruchem w WMN. Routing nad głową dla VPN-IPSec jest wyższy w konfiguracji IP i obliczeniach. Wykorzystuje on w znacznym stopniu zasoby sieciowe i przesyła mniejsze obciążenie ruchem, podczas gdy 802.11i wykazuje większe obciążenie ruchem ze względu na proste obliczenie bezpieczeństwa. To wymaga małych lub mniejszych kosztów ogólnych. Porównywalny wpływ zakłóceń i mechanizmu wysokiego przetwarzania na bezpieczeństwo TE zmniejsza obciążenie ruchem w sieci WMN. Zwiększone obciążenie ruchem powoduje również nieco niższe koszty ogólne w MPLS, ponieważ alternatywna bezpieczna ścieżka tworzy drogi transmisji w MPLS.

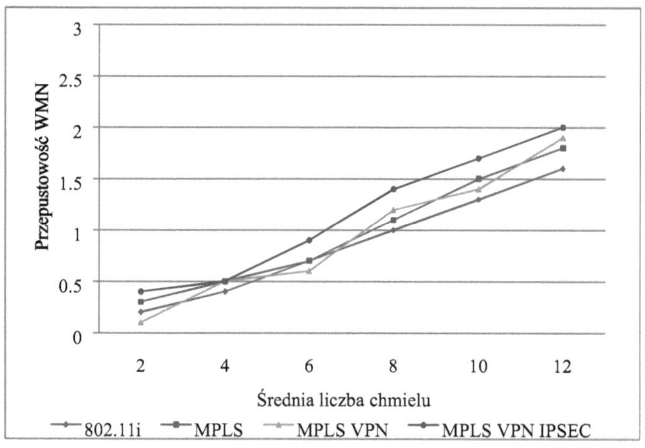

Rysunek 4.6: Wpływ porównawczej rozdzielczości bezpieczeństwa TE w sieci WMN na przepustowość w technologii multi-hop

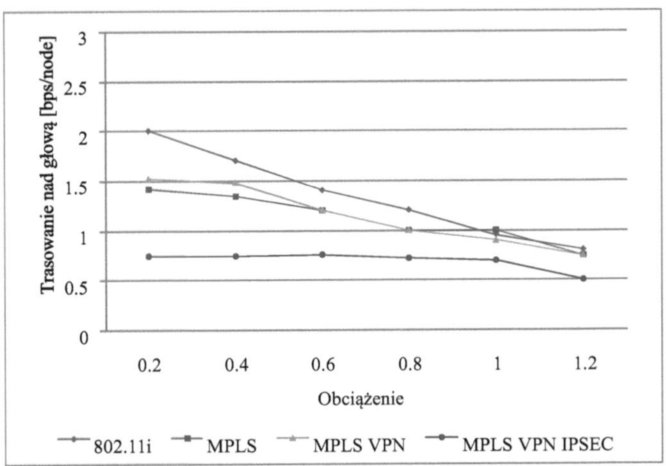

Rysunek 4.7: Wpływ tras zabezpieczających napowietrznych na obciążenie ruchem w sieci WMN

Opóźnienie od końca do końca w sieci WMN zostało porównane na podstawie obciążenia ruchem, jak pokazano na rysunku 4.8, z 18 źródeł ruchu w sieci. Zaobserwowaliśmy, że im większe jest obciążenie ruchem w WMN, tym mniejsze jest opóźnienie między źródłem a celem podróży. Opóźnienia te mogą być napastnikiem korzystającym z potencjalnych urządzeń lub mechanizmów spowalniających lub usuwających sieć. Spoofing sieci IP, zalewanie i ataki typu "rush" w warstwie routingu WMN mogą wpływać na te większe opóźnienia. Model 802.11i doświadczył największego zaobserwowanego opóźnienia i charakteryzuje się niższym średnim obciążeniem ruchu w porównaniu z innymi mechanizmami bezpieczeństwa. Duża mobilność węzłów routingowych sieci stwarza duże zapotrzebowanie na zwiększenie środków bezpieczeństwa w celu rozwiązywania zagrożeń dla bezpieczeństwa.

Na rysunku 4.9. porównano średni współczynnik realizacji z przeciętną liczbą chmieli, aby zaobserwować wpływ transmisji ruchu w wielohopowych bezprzewodowych sieciach siatkowych. Zaadaptowana przez IPSec technika bezpieczeństwa MPLS- VPN wykazała zaobserwowaną poprawę współczynnika bezpieczeństwa wielu węzłów bezprzewodowych wymieniających i przesyłających dane pakietowe w środowisku multi-hopowym. Współczynnik dostaw wzrasta wraz ze wzrostem ilości chmielu na paczkę w większości z nich, ale różni się i wykazuje mniejszy zakres w mechanizmie 802.11i. W przeciwieństwie do reszty można to przypisać brakowi bezpiecznego uwierzytelniania i kryptografii w mechanizmie 802.11i. Sieć VPN działała stosunkowo bliżej, co wskazuje, że szyfrowane uwierzytelnianie przez WMN może mieć pozytywny wpływ na mniejsze opóźnienie transmisji. IPSec minimalizuje koszty ogólne aktualizacji stołów routera, aby obsługiwać ruch z małymi opóźnieniami/jitterami i zapewnić najwyższą wydajność w stosunku do kosztów. Znalazło to odzwierciedlenie na rysunku 4.8.

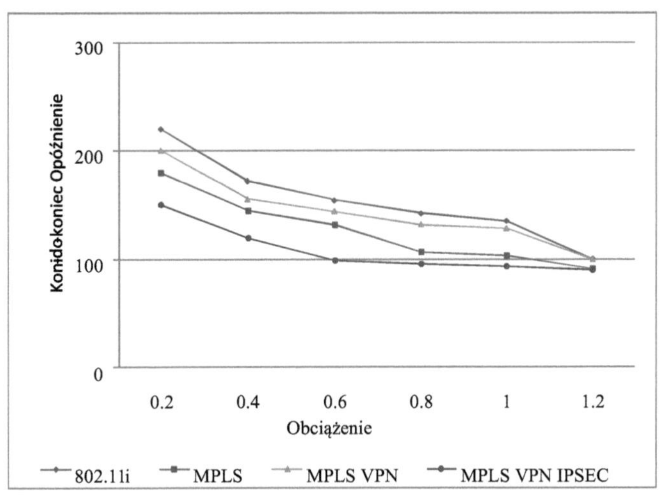

Rysunek 4.8. Wpływ porównawczego rozwiązania w zakresie bezpieczeństwa TE na całkowite opóźnienie w ruchu.

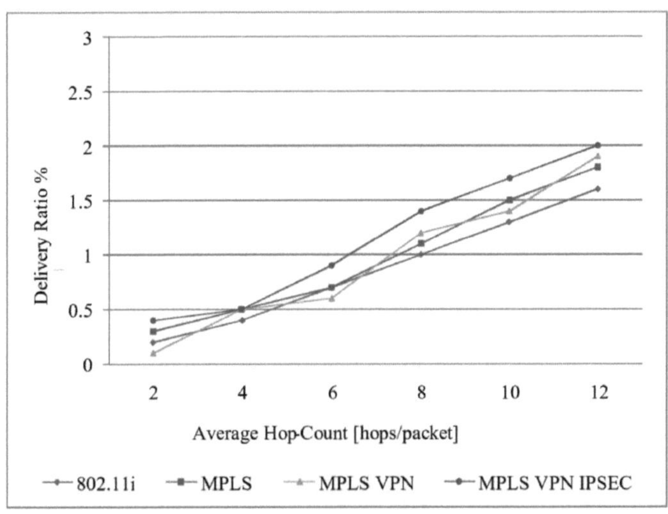

Rysunek 4.9. Porównawcza rozdzielczość bezpieczeństwa TE na wpływ liczenia chmielu na współczynnik wydajności.

Na rysunku 4.10. mobilność ruchu drogowego wzrosła wraz ze wzrostem średniej liczby chmieli. Stanowią one podstawę wielohopowej i dynamicznej architektury sieci bezprzewodowej mesh. Mobilność w ruchu drogowym zaobserwowano większą mobilność w medium o niskim poziomie zakłóceń, takim jak VPN-IPSec. MPLS i MPLSVPN pozytywnie zareagowały na przyrostowe tempo mobilności w WMN. System IDS w MPLS-VPN oznacza, że technika ta była porównywalnie wyższa niż dwa pozostałe mechanizmy. Mobilność sieci i częste zmiany topologiczne sprawiają, że system bezpieczeństwa jest bardzo wymagający.

Na rysunku 4.11. porównano rozwiązania inżynierii ruchu DDoS w celu skutecznego rozwiązania efektu ataku powodziowego na pasmo WMN. Wraz ze wzrostem współczynnika odrzuceń w transmisji zmniejsza się wykorzystanie pasma WMN. Na transmisję w MPLS-TE patrzymy głównie jako na ścieżkę pomiędzy punktami wejścia do punktu wyjścia w domenie MPLS.

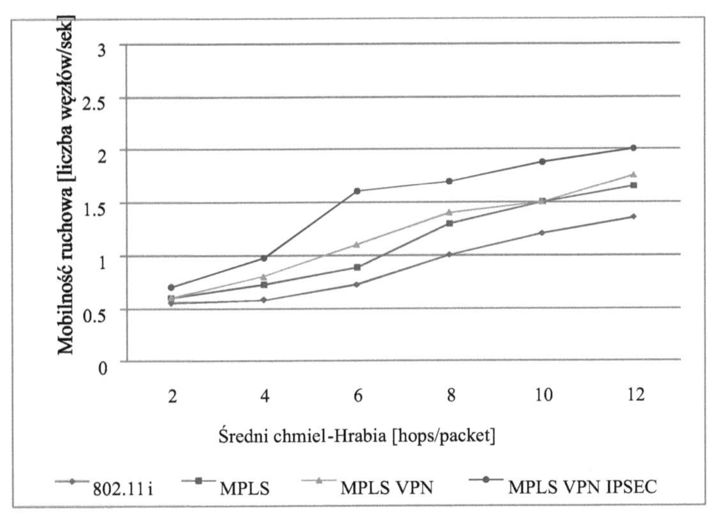

Rysunek 4.10. Porównywalne rozwiązanie w zakresie bezpieczeństwa TE na wpływ mobilności węzłów w sieciach wielodostępowych

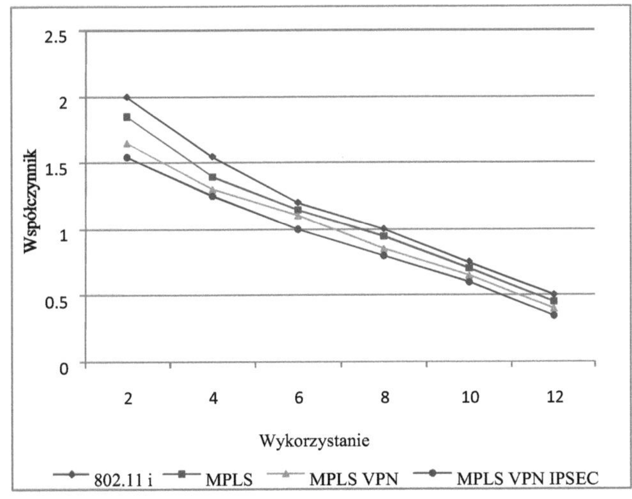

Rysunek 4.11. Wpływ rozwiązania TE-security na atak powodziowy ruchu (DDoS) na przepustowość pasma.

Wzrost współczynnika odrzucenia jest wprost proporcjonalny do odwrotności wzrostu przepustowości, dlatego w standardzie IEEE802.11i, w którym brakuje techniki szyfrowania na pakiecie i węźle, ma on najwyższy współczynnik w czterech technikach zabezpieczeń. Do tej cechy, odzwierciedlonej na wykresie, przyczynia się również mechanizm prewencyjny ochronnych, uwierzytelnionych ścieżek. MPL-VPN posiada tę samą technikę szyfrowania wbudowaną w technologię VPN, ale brakuje w nim adaptacji zabezpieczeń IPSec i dodatkowej elastyczności w zakresie ochrony łączy i węzłów IP (infrastruktury). Technika bezpieczeństwa MPLS ze swojej strony oferuje uwierzytelnianie dostępu i zapewnia chronioną ścieżkę ruchu, ale brak szyfrowania, co, jak zauważyliśmy, skutecznie obniża DDoS. Zupełnie brak w nim chmury obliczeniowej IPSec wykorzystującej polecenie konfiguracji bramy IP i listy dostępu oraz logowania z uprawnieniami.

Na rysunku 4.12. porównawcze techniki bezpieczeństwa zostały zastosowane w medium ruchu zakłócającego w domenie MPLS WMN. Wydajność mechanizmu bezpieczeństwa pokazuje, że atak DDoS, wykorzystujący mechanizm zalewania ruchu do deprecjonowania dostępności sieci i umożliwiający przepływ uwierzytelnionego ruchu danych ze źródła do węzłów docelowych , docenia wszechstronne techniki inżynierii ruchu takie jak VPNIPSec, w przeciwieństwie do MPLS-VPN, który posiada podobny mechanizm, ale brakuje mu szkieletowego bezpiecznego mechanizmu transportowego IPSec lub możliwości przetwarzania głośnych danych przez węzły bramek IP, które są przede wszystkim szkieletowymi sieciami mesh w WMN. Reszta wykonała się przeciętnie z zakłóceniami zmniejszającymi ruch danych, podczas gdy w 802.11i jest większe przetwarzanie ruchu.

Ponadto, brak szyfrowania danych pakietowych mechanizmem kryptograficznym oraz deterministyczny dostęp Low mesh z powodu sporu obniżają wydajność i wpływają na technikę MPLS również w pewnych aspektach. Problem zapobiegania włamaniom i bezpieczeństwa DDoS jest najpełniej rozwiązywany przez chronione ścieżki mechanizmu MPLS i mechanizm szyfrowania sieci VPN.

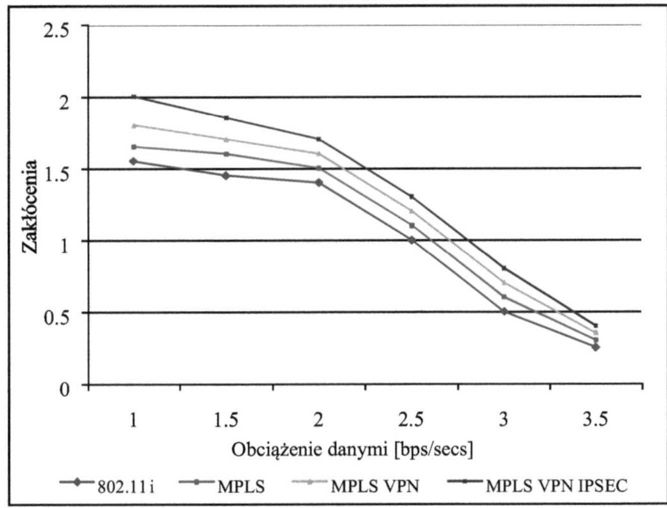

Rysunek 4.12: Wpływ bezpieczeństwa TE na atak powodziowy (DDoS) na zakłócenia w ruchu drogowym

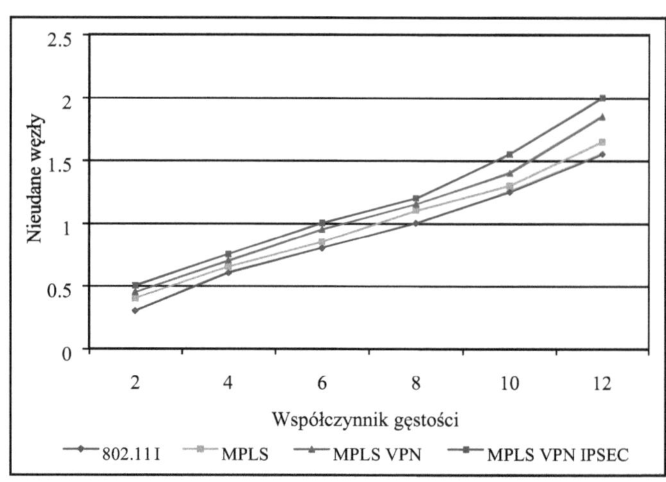

Rysunek 4.13. Wpływ rozwiązania TE-security na wielohopowe zmiany topologiczne w ataku powodziowym.

Na rysunku 4.13. uszkodzone węzły w sieci WMN zwiększyły się wraz ze wzrostem skalowalności dostępności zasobów sieciowych. Wzrasta liczba awarii węzłów, w topologicznie gęstej lokalizacji dla VPN-IPSec niż dla innych środków bezpieczeństwa. Możemy wyjaśnić tę obserwację z wykresu, ponieważ mamy więcej awarii w centralach międzywęzłowych i transmisji peryferyjnej, gdzie szyfrowanie VPN-IPSec jest w dużej mierze wydajne, ale inne środki bezpieczeństwa działają bardziej w obszarach kluczowych oraz w routerach szkieletowych i AP. VPN-IPSec wykazuje większą odporność i bezpieczeństwo przy przesyłaniu pakietów danych. Ten mechanizm bezpieczeństwa wprowadza konfigurację i integrację węzłów IP i routerów na MPLS i WMN. Ataki powodziowe DDoS są najczęściej rozwiązywane za pomocą uwierzytelniania i szyfrowania węzłów, a czasami kryptografii pakietów danych, aby zapobiec ich uszkodzeniu lub infiltracji. I nne tec hniques per for med c omparat iv ely lower. To futro wzmacnia argument za wieloma kwestiami bezpieczeństwa.

4.6. Wniosek

W rozdziale tym badaliśmy zagrożenia dla bezpieczeństwa w sieci WMN za pomocą sieci szerokopasmowej. Zbadano możliwość określenia i zbadania rozwiązania w zakresie bezpieczeństwa z wykorzystaniem mechanizmu inżynierii ruchu. Sprawdziliśmy wpływ mechanizmów zabezpieczających na zwiększone obciążenie ruchem i liczenie chmieli. Przeprowadzono wielowarstwową analizę porównawczą z tradycyjnym 802.11i w celu obserwacji wpływu mobilności węzłów w scenariuszu multi-hopowym. Przeprowadzono dalszą ocenę wpływu obciążenia sieci, końcowych opóźnień w ruchu i współczynnika dostarczenia w symulowanych scenariuszach ataku. Przeprowadzono obserwacje zalet technicznych przy użyciu pochodnej i dostosowanej techniki w inżynierii ruchu. Proponowane rozwiązanie VPN-IPSec zastosowane do wyzwań związanych z bezpieczeństwem i słabościami sieci WMN wykazało poprawę ogólnej wydajności. Poważne zagrożenia dla bezpieczeństwa, takie jak DDoS, również wykazały stosunkowo większą skuteczność rozwiązywania problemów bezpieczeństwa w sieci WMN.

Proponowana technika bezpieczeństwa modelu zarządzania pokazała, że rozproszonym awariom bezpieczeństwa spowodowanym przez zalanie ruchem, Grey-hole i Blackhole DDoS w bezpieczeństwie WMN można zapobiegać i rozwiązywać za pomocą VPNIPSec. Model bezpieczeństwa wykazał skuteczne działanie również w zakresie wykrywania włamań i mechanizmów zapobiegania im. Analiza naszego dochodzenia wykazała wysoką skuteczność w różnych stosowanych metrykach. W naszej analizie zauważyliśmy, że bardzo trudno będzie zapewnić skuteczne bezpieczeństwo dla wielohopowej bezprzewodowej sieci mesh ze względu na jej nieodłączną słabość architektoniczną. Proponujemy jednak wzajemne łączenie i wykorzystywanie mechanizmów współpracy w zakresie bezpieczeństwa komunikacji IP w celu zapobiegania zagrożeniom i atakom bezpieczeństwa i obrony przed nimi w ramach broni masowego rażenia, jak pokazuje technika

IPSec i MPLS- VPN. VPN-IPSec poprzez uwierzytelnianie, szyfrowanie, kryptografię i tunelowanie oraz konfigurację zabezpieczeń IP i mechanizmów operacyjnych MPLSTE obniża koszty ogólne i przetwarzanie w sieci WMN. Ulepszony VPN-IPSec integruje większość środków bezpieczeństwa niezbędnych do kompleksowego zabezpieczenia zarówno ruchu danych, jak i infrastruktury bezprzewodowej sieci mesh.

ROZDZIAŁ 5

5.1 Wniosek

W tej pracy celem wniesionego wkładu jest rozwiązanie niektórych problemów związanych z protokołem routingu w wielohopowych bezprzewodowych sieciach siatkowych oraz poprawa skalowalności rosnącego środowiska sieci kratowych w kampusach. Ponadto w większym stopniu przyczyniono się do poprawy bezpieczeństwa bezprzewodowej transmisji za pomocą technologii zarządzania ruchem. Bezprzewodowe sieci mesh (WMN) oparte są na standardach IEEE802.11 i 802.15. Główna motywacja badawcza do zajęcia się tymi protokołami routingu i wyzwaniami związanymi z bezpieczeństwem zaczęła się od przeglądu literatury, który wykazał wiele otwartych wyzwań badawczych w zakresie skalowalności, protokołu routingu i bezpieczeństwa sieci WMN. Te otwarte kwestie badawcze zostały odpowiednio ocenione, a następnie przeprowadzono i zbadano identyfikację badań usprawniających i prace nad tymi obszarami w celu dalszego zwiększenia wydajności i potencjału tych czynników. Zbadano i zaimplementowano technikę inżynierii ruchu za pomocą protokołu routingu bezprzewodowych sieci kratowych OPNET 16.0. Aktualne opracowanie zostało poddane przeglądowi i zastosowano usprawnienie współpracy z wykorzystaniem technik inżynierii ruchu takich jak MPLS do optymalizacji transmisji. Porównawcza analiza wydajności wykazała wzrost wielodrożności i skalowalności użycia mechanizmu dodatkowo; zastosowanie naszej metryki pochodnej TE optymalizacja przy użyciu ulepszonej formuły matematycznej djisktra wykazało zwiększoną wydajność w porównaniu do nieużywania jej.

Niniejszy rozdział składa się z dwóch części; podsumowania badań przeprowadzonych w każdym rozdziale pracy magisterskiej oraz ewentualnych przyszłych prac związanych z wkładem do każdego rozdziału w celu jego dalszego rozszerzenia, a tym samym stworzenia możliwości dalszej poprawy wyników.

5.2 Podsumowanie badań

Podsumowując, zbadaliśmy i wdrożyliśmy kompleksową, wieloprotokołową optymalizację routingu z wykorzystaniem mechanizmu inżynierii ruchu drogowego. Teza ta jest zorganizowana jako organizacja różnych wkładów i czasopisma w optymalizacji inżynierii ruchu protokołu routingu WMN.

Większość przyszłych prac nad tymi badaniami będzie koncentrować się bardziej na wdrożeniu hybrydowych technik TE w celu poprawy optymalizacji protokołu routingu WMN, zwłaszcza w odniesieniu do trudnych kwestii, takich jak skalowalność w związku ze zwiększaniem dużych sieci WAN, wyższa jakość usług i dostarczania pakietów oraz więcej innych współpracujących sieci kratowych w technologii IEEE802.11. Oczekujemy również więcej pracy nad różnymi technikami i algorytmami optymalizacji tras TE w celu dalszego rozwoju rozwiązań hybrydowych. Oczekuje się, że metryka routingu adaptacyjnego zostanie zbadana i opracowana w celu optymalizacji routingu TE. Istnieje wiele otwartych obszarów badawczych w tej pracy i oczekuje się, że badania te otworzą bardziej konstruktywną platformę dla opracowania rozwiązań dla tych otwartych kwestii badawczych.

Proponowany ALSTE-RP przez bezprzewodową sieć mesh ma rozwiązać wiele trudnych problemów w protokole routingu WMN, takich jak skalowalność, zakłócenia, wysokie koszty ogólne i zyski z przetwarzania. Nieodłączne mapowanie w charakterystyce macierzy techniki TE poprawia różnorodność ścieżek i łączność WMN. IP TE redukuje komunikaty informacyjne o routingu i potwierdzeniach, a tym samym zwiększa obciążenie ruchem i koszty ogólne. Wiarygodność przesyłanych pakietów jest wyższa i pewniejsza w technikach TE, a analiza uzyskanych wyników w teście symulacyjnym wykazuje poprawę w dostarczaniu pakietów danych od końca do końca.

Zaproponowany i opracowany ALSTE-RP będzie skutecznie funkcjonował jako protokół przełączania routingu bramek dostępowych i przekierowywania pakietów w szerokopasmowych sieciach społecznościowych oraz w ośrodkach sieci kratowej opieki zdrowotnej. Wniesie on wiele korzyści do rzeczywistych sieci WAN i może być wdrożony w sieci WMN w tani i prosty sposób adaptacyjny. Zoptymalizowany algorytm dzięki sprawdzonej wydajności wykazał poprawę wydajności w protokole routingu WMN.

REFERENCJE

Rozdział 1

[1] M. J. Lee, J. Zheng, Y.-B. Ko, i D. M. Shrestha, "Emerging Standards for Wireless Mesh Technology", IEEE Wireless Communications, [patrz również IEEE Personal Communications], tom 13, nr 2, str. 56-63, 2006.

[2] S Sesay, Z Yang, "Ankieta na temat mobilnej sieci bezprzewodowej ad hoc" Information Technology Journal, 3 (2): 168-175, 2004 ISSN 1682-6027 © 2004.

[3] I.F. Akyildiz, X. Wang i W. Wang, "Wireless Mesh Networks. A Survey," Sieci komputerowe, tom 47, nie. 4, str. 445-487, marzec 2005.

[4] Bo Han, Weijia Jia i Lidong Lin "Ocena wydajności harmonogramowania w bezprzewodowych sieciach siatkowych opartych na standardzie IEEE 802.16". Computer Communications Volume 30, Issue 4, 26 February 2007, Pages 782-792.

[5] Liang Dai, Yuan Xue, Bin Chang, Yanchuan Cao, Yi Cui (2008), Optimal Routing for Wireless Mesh Networks With Dynamic Traffic Demand *Mobile Networks and Applications* 13 (1-2) s. 97-116 http://www.springerlink.com/index/10.1007/s11036-008-0033-9

[6] S. Srivastava, A. Van de Liefvoort i D. Medhi, "Traffic Engineering of MPLS Backbone Networks in the Presence of Heterogeneous Streams", Sieci komputerowe: The International Journal of Computer and Telecommunications Networking, vol. 53, no. 15, pp. 2688-2702, October
2009

[7] Aoun, Bassam, Boutaba, Raouf, Iraqi, Y, Kenward, G, "Gateway Placement Optimization in Wireless Mesh Networks With QoS Constraints".

IEEE Journal on Selected Areas in Communications vol 24 wydanie 11 pg 2127-
2136 2006

N. Wang, K. H. Ho, G. Pavlou i M. Howarth, "An overview of routing optimization for internet traffic engineering," *IEEE Commun. Sondaże Tuts.* , tom 10, nr 1, s. 33-56, 2008

Rozdział 2

[1] F. Akyildiz, X. Wang, i W. Wang, "Wireless Mesh Networks. A Survey," Sieci komputerowe, tom 47, nie. 4, str. 445-487, marzec 2005.

[2] J. Jun and M. L. Sichitiu, "MRP: Wireless Mesh Networks Routing Protocol," Computer Communications, vol. 31, s. 1413 - 1435, 2008.

[3] R. Bruno, M. Conti, i E. Gregori, "Mesh Networks. Commodity MultiHop Ad Hoc Networks," IEEE Communications Magazine, vol. 43, no. 3, str. 123-131, 2005.

[4] M. Bahr, J. Wang i X. Jia, "Routing in Wireless Mesh Networks," w Wireless Mesh Networking: Architektury, protokoły i standardy, Y. Zhang, J. Luo, i H. Hu, Eds..: Auerbach Publications, 2007.

[5] B. Li, Q. Zhang, J. Liu, C. Wang, X. Wang i K. Farkas, "Advances in Wireless Mesh Networks", ACM Journal on Mobile Networks i Wnioski, tom 13, s. 1-5, 2008.

[6] M. J. Lee, J. Zheng, Y.-B. Ko, i D. M. Shrestha, "Emerging Standards for Wireless Mesh Technology", IEEE Wireless Communications, [patrz również IEEE Personal Communications], tom 13, nr 2, str. 56-63, 2006.

[7] IEEE Standards, "IEEE 802.11TM Wireless Local Area Networks," The Working Group for WLAN Standards, Ongoing.

[8] S. Roy, D. Koutsonikolas, S. Das i Y. C. Hu, "High-Throughput Multicast Routing Metrics in Wireless Mesh Networks", 26th IEEE International Conference on Distributed Computing Systems (ICDCS 2006), str. 48-48, 2006.

[9] A Baruch, H. David i R. Herbert, "The Medium Time Metric: High Throughput Route Selection in Multi-Rate Ad Hoc Wireless Networks", Mobile Networks and Applications, Vol. 11, str. 253-266, kwiecień 2006.

[10] C. E. Koksal i H. Balakrishnan, "Quality-Aware Routing Metrics for Time-Varying Wireless Mesh Networks", IEEE Journal on Selected Areas in Communications, vol. 24, pp. 1984 - 1994, 2006.

[11] Q. Shen, X. Fang i Y. Shan, "An Integrated Metrics Based Extended Dynamic Source Routing Protocol for Wireless Mesh Networks", 2006

International Conference on Communications, Circuits and Systems Proceedings, Vol. 3, str. 1457-1461, 2006.

[12] D. Passos, D. Teixeira, D.C. Muchaluat-Saade, L.C. Schara Magalhes i C. Albuquerque, "Mesh Network Performance Measurements," W V Międzynarodowym Sympozjum Technologii Informacyjnych i Telekomunikacyjnych, grudzień 2006.

[13] K. Ramachandran, M. Buddhikot, G. Chandranmenon, S. Miller, E. Belding-Royer i K. Almeroth, "On the Design and Implementation of Infrastructure Mesh Networks," In Proceedings of the IEEE Workshop on Wireless Mesh Networks (WiMesh). IEEE Press, 2005.

[14] S. M. Faccin, C. Wijting, J. Kenckt, i A. Damle, "Mesh WLAN Networks. Concept and System Design," IEEE Wireless Communications, [patrz również IEEE Personal Communications], tom 13, nr 2, str. 10-17, 2006.

[15] S. Waharte, R. Boutaba, Y. Iraqi i B. Ishibashi, "Protokoły routingu w sieciach Wireless Mesh Networks": Challenges and Design Considerations," Multimedia Tools and Applications, Vol. 29, str. 285-303, 2006.

[16] N. Nandiraju, D. Nandiraju, L. Santhanam, B. He, J. Wang i D. P. Agrawal, "Wireless Mesh Networks": Current Challenges and Future Directions of Web-In-The-Sky", Wireless Communications, IEEE, tom 14, s. 79-89, 2007.

[17] Y. Chen, J. Chen i Y. Yang, "Multi-hop delay performance in wireless mesh networks", Mobile Networks and Applications vol. 13, s. 160168, kwiecień 2008.

[18] X. Wang i A. O. Lim, "IEEE 802.11s Wireless Mesh Networks. Framework and Challenges", Ad Hoc Networks, t. 6, nr 6, s. 970-984, 2008.

[19] H. Li i M. Singhal, "A Scalable Routing Protocol for Ad Hoc Networks," Proceedings of the 2005 IEEE 61st Vehicular Technology Conference (VTC 2005-Spring), Vol. 4, pp. 2498-2503, May 2005.

[20] V. D. Park i M. S. Corson, "A Highly Adaptive Distributed Routing Algorithm for Mobile Wireless Networks," Proceedings of the Sixteenth Annual Joint Conference of the IEEE Computer and Communications Societies (INFOCOM '97), vol. 3, pp. 1405-1413, April 1997.

[21] S.-J. Lee, W. Su i M. Gerla, "On-Demand Multicast Routing Protocol in Multi-Hop Wireless Mobile Networks", Mobile Networks and Applications, Vol. 7, str. 441-453, 2002.

[22] H. Jiang, W. Zhuang, X. Shen, A. Abdrabou i P. Wang, "Differentiated Services for Wireless Mesh Backbone," IEEE Communications Magazine, Vol. 44, str. 113-119, 2006.

[23] W-H. Tam i Y-C. Tseng, "Joint Multi-Channel Link Layer and MultiPath Routing Design for Wireless Mesh Networks", 26th IEEE International Conference on Computer Communications (INFOCOM 2007), str. 2081-2089, maj 2007.

[24] K. R. Chowdhury i I. F. Akyildiz, "Cognitive Wireless Mesh Networks with Dynamic Spectrum Access", IEEE Journal on Selected Areas in Communications, vol. 26, s. 168-181, styczeń 2008.

[25] S. K. Das, B. S. B. S. Manoj i C. S. R. Murthy, "A Dynamic Core Based Multicast Routing Protocol for Ad Hoc Wireless Networks", w Proceedings of the 3rd ACM international symposium on Mobile ad hoc networking \& computing, Lausanne - Switzerland, 2002.

[26] T. B. Reddy, I. Karthigeyan, B.S. Manoj i C.S.R. Murthy, "Qualityof-Service Provisioning in Ad Hoc Wireless Networks": A Survey of Issues And Solutions", Journal of Ad Hoc Networks, t. 4, nr 1, s. 82-124, styczeń 2006.

[27] C. E. Perkins i E. M. Royer, "Ad-Hoc On-Demand Distance Vector Routing," Proceedings of the Second IEEE Workshop on Mobile Computing Systems and Applications (WMCSA), pp. 90-100, February 1999.

[28] T. Braun, M. Heissenbüttel i T. Roth, "Performance of The BeaconLess Routing Protocol In Realistic Scenarios", Ad Hoc Networks, t. 8, str. 8. 96-107, W Prasie.

[29] E. M. Belding-Royer i C. E. Perkins, "Evolution And Future Directions of the Ad Hoc On-Demand Distance-Vector Routing Protocol", Ad Hoc Networks, Vol. 1, str. 125-150, 2003.

[30] H. A. Amri, M. Abolhasan i T. Wysocki, "Skalowalność Protokołów Tras MANET dla Niejednorodnych i Homogenicznych Sieci," Computers & Electrical Engineering, In Press, Corrected Proof, styczeń 2009.

[31] A. Boukerche, "Performance Evaluation of Routing Protocols for Ad Hoc Wireless Networks", Mobile Networks and Applications, Vol. 9, str. 333-342, 2004.

[32] A. Divecha, A. Abraham, C. Grosan i S. Sanyal, "Impact of Node Mobility on MANET Routing Protocols Models", Journal of Digital Information Management, luty 2007.

[33] S. Corson i J. Macker, Mobile Ad hoc Networking (MANET): Kwestie związane z realizacją protokołu i kwestie związane z oceną: Redaktor RFC, 1999.

[34] M. Abolhasan, T. Wysocki i E. Dutkiewicz, "A Review of Routing Protocols For Mobile Ad Hoc Networks", Ad Hoc Networks, t. 2, nr 1, s. 1.
1-22, styczeń 2004.

[35] G. Pei, M. Gerla, i T.-W. Chen, "Fisheye State Routing. A Routing Scheme for Ad Hoc Wireless Networks," 2000 IEEE International Conference in Communications, ICC 2000, vol. 1, str. 70-74, 2000.

[36] S. Basagni, I. Chlamtac, V. R. Syrotiuk i B. A. Woodward, "A Distance Routing Effect Algorithm for Mobility (DREAM)," w MobiCom '98: Obrady 4. dorocznej międzynarodowej konferencji ACM/IEEE poświęconej mobilnym komputerom i sieciom. New York USA, ACM Press, str. 76-84, 1998.

[37] G. Pei, M. Gerla, X. Hong, i C. Chiang, "A Wireless Hierarchical Routing Protocol With Group Mobility", Wireless Communications and Networking Conference, 1999. WCNC 1999 IEEE, tom 3, str. 1538-1542, wrzesień 1999.

[38] J. J. Garcia-Luna-Aceves i M. Spohn, "Source-Tree Routing In Wireless Networks", Proceedings of the Seventh International Conference on Network Protocols (ICNP '99), str. 273-282, 1999.

[39] W. Liu, C. Chiang, H. Wu i C. Gerla, "Routing In Clustered Multi-Hop Mobile Wireless Networks With Fading Channel", w: Proceedings of IEEE SICON'97, str. 197-211, kwiecień 1997.

[40] I. Stojmenovic, "Location Updates for Efficient Routing in Ad Hoc Networks", w: "Handbook of wireless networks and mobile computing": John Wiley & Sons, Inc., str. 451-471, 2002.

[41] T-W. Chen i M. Gerla, "Global State Routing. A New Routing Scheme for Ad-Hoc Wireless Networks", 1998 IEEE International Conference in Communications, ICC 98. Zapis konferencji, t. 1, s. 171-175 t. 1, 1998.

[42] J. Raju i J. J. Garcia-Luna-Aceves, "A New Approach to OnDemand Loop-Free Multipath Routing," Proceedings of the Eight International Conference on Computer Communications and Networks, pp. 522-527, 1999.

[43] V. Park i S. Corson, "Temporally-Ordered Routing Algorithm (TORA)".
Wersja 1 Specyfikacja funkcjonalna," Internet-Draft, draft-ietf-manet-tora-spec-
02.txt, październik 1999.

[44] C.-K. Toh, "Associativity-Based Routing for Ad Hoc Mobile Networks", Wireless Personal Communications, Vol. 4, str. 103-139, 1997.

[45] I. Bouazizi, "ARA - The Ant-Colony Based Routing Algorithm for MANETs", w Proceedings of the 2002 International Conference on Parallel Processing Workshops: IEEE Computer Society, 2002.

[46] S. Bohacek, "Performance Improvement Provided by Route Diversity in Multi-Hop Wireless Networks", IEEE Transactions on Mobile Computing, Vol. 7, s. 372-384, marzec 2008.

[47] V. Loscri, "A Routing Protocol for Wireless Mesh Networks," IEEE 66th Vehicular Technology Conference 2007, (VTC2007 jesień), s. 1523-1527, październik 2007 r.

[48] D. Lin, T.-S. Moh, i M. Moh, "Opóźniony protokół routingu wielokanałowego dla sieci bezprzewodowych wykorzystujących wiele pierścieni tokenowych: Extended Summary," Proceedings of the 2006 31st IEEE Conference on Local Computer Networks, pp. 845-847, November 2006.

[49] B -N. Cheng, M. Yuksel i S. Kalyanaraman, "Orthogonal Rendezvous Routing Protocol for Wireless Mesh Networks", IEEE/ACM Transactions on Networking (TON), tom 17, s. 542-555, 2009.

[50] E. Rozner, J. Seshadri, Y. Mehta i L. Qiu, "Simple Opportunistic Routing Protocol for Wireless Mesh Networks", 2nd IEEE Workshop on Wireless Mesh Networks (WiMesh 2006), s. 48-54, wrzesień 2008.

[51] Y. Huang i S. Bhatti, "Fast-Converging Distance Vector Routing for Wireless Mesh Networks", w Proceedings of the 2008 the 28th International Conference on Distributed Computing Systems Workshops: IEEE Computer Society, s. 279-284, 2008.

[52] A. N. Le, D.-W. Kum, S.-H. Lee, Y.-Z. Cho, i I.-S. Lee, "Directional AODV Routing Protocol for Wireless Mesh Networks", IEEE 18th International

Symposium on Personal, Indoor and Mobile Radio Communications, 2007 (PIMRC 2007), str. 1-5, 2007.

[53] E. Baburaj i V. Vasudevan, "An Intelligent Mesh Based Multicast Routing Algorithm for MANETs using Particle Swarm Optimization", International Journal of Computer Science and Network Security, vol. 8, pp.
214-218, maj 2008.

[54] M. S. Siddiqui, S. O. Amin, J. H. Kim i C. S. Hong, "MHRP: A Secure Multi-Path Hybrid Routing Protocol for Wireless Mesh Network", Military Communications Conference (MILCOM 2007), IEEE, str. 1-7, październik 2007.

[55] R. Leung, J. Liu, E. Poon, A.-L. C. Chan i B. Li, "MP-DSR: A QOSAware Multi-Path Dynamic Source Routing Protocol for Wireless Ad-Hoc Networks," Proceedings of the 26th Annual IEEE Conference on Local Computer Networks (LCN 2001), pp. 132-141, 2001.

[56] M. K. Marina i S. R. Das, "On-Demand Multipath Distance Vector Routing In Ad Hoc Networks", Ninth International Conference on Network Protocols, 2001, str. 14-23, listopad 2001.

[57] S.-J. Lee i M. Gerla, "Split Multipath Routing With Maximally Disjoint Paths In Ad Hoc Networks", IEEE International Conference on
Communications, 2001 (ICC 2001), tom 10, str. 3201-3205, 2001.

[58] J. Tsai i T. Moors: "Przegląd Protokołów Tras Wielodrogowych": From Wireless Ad Hoc to Mesh Networks", In Proceeding of ACoRN Early Career
Warsztat badawczy na temat bezprzewodowych sieci Multi-Hop, lipiec 2006 r.

[59] B. Hurley, C. Seidl i W. Sewell, "A Survey of Dynamic Routing Methods for Circuit-Switched Traffic", IEEE Communications Magazine, vol. 25, s. 13-21, wrzesień 1987.

[60] B. Radunovic, C. Gkantsidis, P. Key, P. Rodriguez i W. Hu, "An Optimization Framework for Practical Multipath Routing In Wireless Mesh Networks", Microsoft Research, Technical Report, lipiec 2007.

[61] M. R. Pearlman, Z. J. Haas, P. Sholander i S. S. Tabrizi, "On the Impact of Alternate Path Routing For Load Balancing in Mobile Ad Hoc Networks", First Annual Workshop on Mobile and Ad Hoc Networking and Computing, 2000. (MobiHOC 2000), s. 3-10, 2000.

[62] S. Ganguly, V. Navda, K. Kim, A. Kashyap, D. Niculescu, R. Izmailov, S. Hong i S. R. Das, "Performance Optimizations for Deploying VoIP Services in Mesh Networks", IEEE Journal on Selected Areas in Communications, vol. 24, str. 2147-2158, 2006.

[63] P. Kyasanur i N. H. Vaidya, "Routing And Link-Layer Protocols For Multi-Channel Multi-Interface Ad Hoc Wireless Networks", ACM SIGMOBILE Mobile Computing Communications Review, tom 10, str. 31-43, styczeń 2006.

[64] D. Saha, S. Roy, S. Bandyopadhyay, B. Somprakash, T. Ueda, i S. Tanaka, "An Adaptive Framework for Multipath Routing via Maximally ZoneDisjoint Shortest Paths in Ad hoc Wireless Networks with Directional Antenna", IEEE Global Telecommunications Conference, 2003.

[65] G. Li, L. Yang, W. S. Conner i B. Sadeghi, "Opportunities and Challenges in Mesh Networks Using Directional Antennas", In Proceedings of

WiMesh 2005, First IEEE Workshop on Wireless Mesh Networks, Santa Clara, CA, September 2005.

[66] D. Niculescu, S. Ganguly, K. Kim i R. Izmailov, "Performance of VoIP in an Wireless Mesh Network 802.11", In Proceedings of the 25th IEEE International Conference on Computer Communications (INFOCOM 2006), pp. 1-11, April 2006.

[67] A. Tsirigos i Z. J. Haas, "Multipath Routing In Mobile Ad Hoc Networks Or How to Route in the Presence of Frequent Topology Changes", Military Communications Conference, Communications for Network-Centric Operations: Creating the Information Force (MILCOM 2001), IEEE vol. 2, str. 878-883, 2001.

[68] M. Oh, "An Adaptive Routing Algorithm for Wireless Mesh Networks", w International Conference on Advanced Communication Technology (ICACT), s. 2087-2091, 2008.

[69] J. Jaffe i F. Moss, "A Responsive Distributed Routing Algorithm for Computer Networks", IEEE Transactions on Communications, Vol. 30, str. 54.
1758-1762, 1982.

[70] V. D. Park i M. S. Corson, "A Highly Adaptive Distributed Routing Algorithm for Mobile Wireless Networks", In Proceedings of the Sixteenth Annual Joint Conference of the IEEE Computer and Communications Societies (INFOCOM '97), vol. 3, pp. 1405-1413, April 1997.

[71] R. Draves, J. Padhye i B. Zill, "Routing In Multi-Radio, Multi-Hop Wireless Mesh Networks," w Proceedings of the 10th annual

international conference on Mobile computing and networking Philadelphia, PA, USA:
ACM, str. 114-128, 2004.

[72] A. Raniwala i T. Chiueh, "Architecture and Algorithms for an IEEE 802.11-Based Multi-Channel Wireless Mesh Network," In Proceedings of the 24th Annual Joint Conference of the IEEE Computer and Communications Societies (INFOCOM 2005), Vol. 3, pp. 2223-2224, March 2005.

[73] T. Melodia, D. Pompili, i I. F. Akyildiz, "Optimal Local Topology Knowledge For Energy Efficient Geographical Routing In Sensor Networks", Twenty-third Annual Joint Conference of the IEEE Computer and Communications Societies (INFOCOM 2004), Vol. 3, pp. 1705-1716, March 2004.

[74] H. Frey, "Scalable Geographic Routing Algorithms for Wireless Ad Hoc Networks", IEEE Network, vol. 18, str. 18-22, 2004.

[75] D.S.J. De Couto i R. Morris, "Location Proxies and Intermediate Node Forwarding for Practical Geographic Forwarding," Technical Report MIT-LCS-TR824, MIT Laboratory for Computer Science, czerwiec 2001.

[76] A. A. Pirzada, M. Portmann i J. Indulska, "Performance Analysis of Multi-Radio AODV In Hybrid Wireless Mesh Networks", w Proceedings of the Eight International Conference on Computer Communications and Networks, 1999., vol. 31, s. 885-895, marzec 2008.

[77] W. Al-Mandhari, K. Gyoda i N. Nakajima, "Performance Evaluation of Active Route Time-Out Parameter In Ad-Hoc On Demand Distance

Vector (AODV)," w Proceedings of the 6th WSEAS International Conference on Applied Electromagnetic, Wireless and Optical Trondheim, Norwegia: Świat
Akademia Naukowo-Inżynierska i Towarzystwo (WSEAS), s. 47-51, 2008.

[78] S.-J. Lee, E. M. Belding-Royer i C. E. Perkins, "Scalability Study of the Ad Hoc On-Demand Distance Vector Routing Protocol", International Journal of Network Management, vol. 13, str. 97-114, marzec 2003.

[79] M. Royer i C. E. Perkins, "An Implementation Study of the AODV Routing Protocol", w Proceedings of the IEEE Wireless Communications and Networking Conference, WCNC, str. 1003-1008, 2000.

[80] C. Perkins, E., E. Belding-Royer i S. Das, "Ad hoc On-Demand Distance Vector (AODV) Routing", Internet RFC, IETF RFC 3561, 2003.

[81] D. Chakeres i L. Klein-Berndt, "AODVjr, AODV simplified," ACM SIGMOBILE Mobile Computing and Communications Review, tom 6, str. 100101, lipiec 2002.

[82] D.B. Johnson, D.A. Maltz i J. Broch, "DSR: The Dynamic Source Routing Protocol for Multi-Hop Wireless Ad Hoc Networks," Ad Hoc Networking, str. 139-172, 2001.

[83] A. Mehdi i D. T. Mehdi, "Upgrading Performance of DSR Routing Protocol in Mobile Ad Hoc Networks", w Proceedings of the World Academy of Science, Engineering and Technology, str. 38-40, 2005.

[84] M. H. Lee i M. Sarahintu, "Performance Analysis of Dynamic Source". Routing Protocol for Ad Hoc Networks based on Taguchi's Method," Matematika, t. 24, s. 199-209, 2008.

[85] C. E. Perkins i P. Bhagwat, "Highly Dynamic Destination-Sequenced Distance-Vector Routing (DSDV) for Mobile Computers," ACM SIGCOMM Computer Communication Review, vol. 24, str. 234-244, październik 1994.

[86] K. U. R. Khan, R. U. Zaman, A. V. Reddy, K. A. Reddy i T. S. Harsha, "An Efficient DSDV Routing Protocol for Wireless Mobile Ad Hoc Networks and its Performance Comparison", w Proceedings of the 2008 Second UKSIM European Symposium on Computer Modeling and Symulacja: IEEE Computer Society, s. 506-511, 2008.

[87] A. Zakrzewska, L. Koszałka i I. Pozniak-Koszałka, "Performance Study of Routing Protocols for Wireless Mesh Networks", na 19. Międzynarodowej Konferencji Inżynierii Systemów, 2008. (ICSENG '08), Las Vegas, NV, s. 331-336, 2008.

[88] T. Clausen i P. Jacquet, "Optimized Link State Routing Protocol (OLSR)", RFC Editor, IETF RFC 3626, październik 2003.

[89] T. Clausen, "Optimized Link State Routing Protocol (OLSR) version 2," draft-clausen-manet-olsrv2-00, Internet draft, July 2005.

[90] M. Oh, "A Hybrid Routing Protocol for Wireless Mesh Networks", 2008 IEEE International Symposium on Broadband Multimedia Systems and Broadcasting, s. 1-5, 2008.

[91] D. Johnson, Y. Hu i D. Maltz, "The Dynamic Source Routing Protocol (DSR) for Mobile Ad Hoc Networks for IPv4", IETF Internet Draft, RFC 4728, luty 2007.

[92] R. Ogier, F. Templin i M. Lewis, "Topology Dissemination Based on Reverse-Path Forwarding (TBRPF)", RFC Editor, RFC 3684, 2004.

[93] J. Moy, "Open Shortest Path First Routing Protocol (OSPF Version 2)" IETF Internet Draft, RFC 2328, kwiecień 1998.

[94] G. Malkin, "The Routing Information Protocol (RIP version 2)" IETF Internet draft, RFC 2453, November 1998.

[95] Z.J. Haas, M.R. Pearlman, "The Zone Routing Protocol for Ad Hoc Networks", IETF Internet Draft, <draft-ietf-manet-zone-zrp-02.txt>, czerwiec 1999.

[96] X. Wang i A. O. Lim, "Bezprzewodowe sieci siatkowe IEEE 802.11s": Ramy i wyzwania", Ad Hoc Networks, tom 6, s. 970-984, sierpień 2008.

[97] IEEE 802.1 Standard Working Group, "IEEE Standard for Local and Metropolitan Area Networks": Port-Based Network Access Control," IEEE Standard 802.1X, listopad 2004.

[98] IEEE 802.1 Standard Working Group, "IEEE Standard for Local and Metropolitan Area Networks": Virtual Bridged Local Area Networks," Standard IEEE 802.1Q, grudzień 2005.

[99] K. Murugan i S. Shanmugavel, "Traffic-Dependent and EnergyBased Time Delay Routing Algorithms for Improving Energy Efficiency in Mobile Ad Hoc Networks", EURASIP Journal on Wireless Communications and Networking, vol. 5, no. 5, s. 625-634, październik 2005 r.

[100] I. Gojmerac, P. Reichl i L. Jansen, "Towards Low-Complexity Internet Traffic Engineering": The Adaptive Multi-Path Algorithm", International Journal of Computer and Telecommunications Networking, vol.52, no. 15, pp.
2894-2907, październik, 2008.

[101] K. N. Sridhar i L. Jacob, "Performance Evaluation and Enhancement of a Link Stability Based Routing Protocol for MANETs".

[102] International Journal of High Performance Computing and Networking, vol.4, str. 66-77, lipiec 2006.

[103] G. Wang, Y. Ji, D. C. Marinescu i D. Turgut, "A Routing Protocol for Power Constrained Networks with Asymmetric Links", W trakcie 1. Międzynarodowego Warsztatu ACM na temat Oceny Wydajności Bezprzewodowych Sieci Ad Hoc, Sensorów i Wszechobecnych, Venezia - Włochy, październik 2004.

[104] D. Li, X. Jia i H. Du, "QUOS - Topology Control for Non Homogenous Ad Hoc Wireless Networks", EURASIP Journal on Wireless Communications and Networking, vol. 2006, nr 2, str. 43, kwiecień 2006.

[105] S. Mudd, J. B. Garca, A. M. Fernandez, "Wireless Network Structure version 1.3", 2002, http://www.wl0.org/~sjmudd/wireless/networkstructure/english/article.pdf

[106] Wilibox (Wireless Linux in the Box) 2005-2009, http://www.wilibox.com/products/wili-mesh

[107] M. Burmester, T. V. Le, "Secure Multipath Communication in Mobile Ad hoc Networks", Międzynarodowa Konferencja Technologii Informacyjnych: Coding and Computing (ITCC'04), Vol. 2, str. 405, 2004.

[108] M.S. Siddiqui, S.O. Amin i C.S. Hong, "On a Low Security Overhead Mechanism for Secure Multi-path Routing Protocol in Wireless Mesh Network," Proceedings of Asia-Pacific Network Operations and Management Symposium, s. 466-475, 2007.

[109] J. He, M. Bresler, M. Chiang i J. Rexford, "Towards Robust MultiLayer Traffic Engineering. Optymalizacja kontroli zatorów i trasowania". IEEE Journal on Selected Areas in Communications, vol. 25, no. 5, s. 868880, czerwiec 2007.

[110] R. Boutaba, W. Szeto i Y. Iraqi, "DORA: Efficient Routing for MPLS Traffic Engineering", Journal of Network and Systems Management, Vol. 10, no. 3, s. 309-325, wrzesień 2002.

[111] C. T. Chou, "Inżynieria ruchu dla wirtualnych sieci prywatnych opartych na MPLS", Sieci komputerowe: The International Journal of Computer and Telecommunications Networking, vol. 44, no. 3, s. 319-333, luty 2004 r.

[112] I. C.haieb, J-L. Le Roux, i B. Cousin, "A Routing Architecture for MPLS-TE Networks," Proceedings of the fourth International Working Conference on Performance Modelling and Evaluation of Heterogeneous Networks (HET-NETs '06), September 2006.

[113] O.E. Muogilim, K.K. Loo, R. Comley, "Bezprzewodowa siatka bezpieczeństwa sieci. A traffic engineering management approach", Elsevier Journal of Network oraz

Aplikacje komputerowe, 2010. (W PRASIE)

[114] D. Adami, R. G. Garroppo, S. Giordano, L. Tavanti, Multi-Constrained Path Computation Algorithms for Traffic Engineering over Wireless Mesh Networks, First IEEE WoWMoM Workshop on Hot Topics in Mesh Networking.
(HotMesh), Kos, 15-19 czerwca 2009 r.

Rozdział 3

[1] N. Wang, K. H. Ho, G. Pavlou i M. Howarth, "An overview of routing optimization for internet traffic engineering," *IEEE Commun. Sondaże Tuts.* , tom 10, nr 1, s. 33-56, 2008

[2] Hejiao Huang, Yun Peng (2008), Throughput Maximization with Traffic Profile in Wireless Mesh Network *Computing and Combinatorics* s. 531-540 2008

[3] Okechukwu E. Muogilim, Kok-Keong Loo, Richard Comley (2010), Bezpieczeństwo sieci bezprzewodowej: Podejście do zarządzania inżynierią ruchu. *Journal of Network and Computer Applications* In Press, s. 1-14 http://linkinghub.elsevier.com/retrieve/pii/S108480451000...

[4] S. Srivastava, A. Van de Liefvoort i D. Medhi, "Traffic Engineering of MPLS Backbone Networks in the Presence of Heterogeneous Streams", Sieci komputerowe: The International Journal of Computer and Telecommunications Networking, vol. 53, nr 15, s. 2688-2702, październik 2009 r.

[5] Weiyi Zhao, Jiang Xie (2010), Network Engineering and Traffic Forwarding (NETF): Integrated Design for Inter-gateway QoS Handoffs in Infrastructure Wireless Mesh Networks *Communications Society.*

[6] Liang Dai, Yuan Xue, Bin Chang, Yanchuan Cao, Yi Cui (2008), Optimal Routing for Wireless Mesh Networks With Dynamic Traffic Demand. *Sieci i aplikacje mobilne* 13 (1-2) s. 97-116 http://www.springerlink.com/index/10.1007/s11036-008-0033-9

[7] J. He, M. Bresler, M. Chiang i J. Rexford,(2007) "Towards robust Multi-Layer Traffic Engineering: Optimization of Congestion Control and Routing," IEEE Journal on Selected Areas in Communications, Vol. 25, no. 5, s. 868-880, czerwiec 2007.

[8] R. Bhatia, M. Kodialam i T.V. Lakshman,(2006) "Schematy szybkiej reoptymizacji sieci dla MPLS i sieci optycznych", Sieci komputerowe: The International Journal of Computer and Telecommunications Networking, vol. 50, nr 2, str. 317-331, luty 2006 r.

[9] Aoun, Bassam, Boutaba, Raouf, Iraqi, Y, Kenward, (2006) Gateway Placement Optimization in Wireless Mesh Networks with QoS Constraints. IEEE Journal on Selected Areas in Communications vol 24 wydanie 11 pg 2127-
2136. 2006

[10] M. J. Lee, J. Zheng, Y.-B. Ko, i D. M. Shrestha, "Emerging Standards for Wireless Mesh Technology", IEEE Wireless Communications, [patrz również IEEE Personal Communications], tom 13, nr 2, str. 56-63, 2006.

[11] I.F. Akyildiz, X. Wang i W. Wang, "Wireless Mesh Networks. A Survey," Sieci komputerowe, tom 47, nie. 4, str. 445-487, marzec 2005.

[12] M. Bahr, J. Wang i X. Jia, "Routing in Wireless Mesh Networks," w Wireless Mesh Networking: Architektury, protokoły i standardy, Y. Zhang, J. Luo, i H. Hu, Eds..: Auerbach Publications, 2007.

[13] S Waharte, R Boutaba, Y Iraqi, B Ishibashi "Routing protocols in wireless mesh networks: challenges and design considerations," - Multimedia tools 2006 - Springer links.

[14] Mm Sangsu, Jung, Dujeong, Lee, Kserawi, M, Rhee, J K K, Autonomous load balancing anycast routing protocol for wireless mesh networks, 2009 IEEE International Symposium on a World of Wireless Mobile and Multimedia Networks Workshops pg 1-6.

[15] Bo Rong, Yi Qian, Kejie Lu, Rose Qingyang Hu i Michel Kadoch, Multipath Routing over Wireless Mesh Networks for Multiple Description Video Transmission, *IEEE Journal on Selected Areas in Communications*, Vol.28, No.3, pp.321-331, kwiecień 2010.

[16] Aoun, Bassam, Boutaba, Raouf, Iraqi, Y, Kenward, G, "Gateway Placement Optimization in Wireless Mesh Networks With QoS Constraints". IEEE Journal on Selected Areas in Communications vol 24 wydanie 11 pg 2127-2136 2006

[17] www.telecom-cloud.net/wp-content/uploads/2011

[18] www.IETF.org

[19] Szerokopasmowy dostęp do Internetu we Wspólnocie (IEEE 802.16)

[20] Anand Prabhu Subramanian, Himanshu Gupta, Samir R. Das i Jing Cao, "Minimalne przydzielanie kanałów zakłócających w sieciach bezprzewodowych Multiradio" Transakcje IEEE na mobilnych komputerach, VOL. 7, nr 11, listopad 2008 r.

[21] Jangeun Jun, Mihail L. Sichitiu, "MRP: Protokół routingu sieci bezprzewodowych mesh". Komunikacja komputerowa Elsevier 2008

[22] I.F Akyildiz, X. Wang 2008, "Cross-layer design in wireless mesh networks" - IEEE Transactions on Vehicular Technology, 2008.

[23] S. Jung et al., "Distributed potential field based routing and autonomous load balancing for wireless mesh networks," IEEE Comm. Lett., Vol. 13(6), 2009, s. 429-431.

[24] Pedro F. Felzenszwalb, Ramin Zabih, "Dynamic Programming and Graph Algorithms in Computer Vision", IEEE Transactions on Pattern Analysis and Machine Intelligence, vol. 33, no. 4, s. 721-740, kwiecień 2011, doi:10.1109/TPAMI.2010.135.

Rozdział 4

I.F. Akyildiz, X. Wang i W. Wang, "Wireless Mesh Networks. A Survey," Computer Networks, Vol. 47, No. 4, March 2005, str. 445-487.

[2] J. Jun and M. L. Sichitiu, "MRP: Wireless Mesh Networks Routing Protocol," Computer Communications, Vol. 31, 2008, s. 1413 - 1435.

[3] R. Bruno, M. Conti i E. Gregori, "Mesh Networks. Commodity Multi-Hop Ad Hoc Networks," IEEE Communications Magazyn, Vol. 43, No. 3, 2005, s. 123-131.

[4] Y. Chen, J. Chen i Y. Yang, "Multi-Hop Delay Performance in Wireless Mesh Networks", Mobile Networks and Applications Vol. 13, April 2008, pp. 160-168.

[5] Wilibox (Wireless Linux in the Box) 2005 -2009, http://www.wilibox.com/products/wili-mesh

[6] D. Johnston, J. Walker, "Overview of IEEE 802.16 Security," IEEE Security and Privacy, Vol. 2, No. 3, May 2004, str. 40-48.

[7] G.R. Hiertz, S. Max, R. Zhao, D. Dee, L. Berlemann, "Principles of IEEE 802.11s", w Proceedings of the 16th International Conference on Computer Communications and Networks (ICCCN), Honolulu, Hawaje, USA, sierpień 2007.

[8] M. Malekzadeh, A.A.A. Ghani, Z.A. Zulkarnain, Z . Muda, "Security Improv ement for Management Frames in IEEE 802.11".
Wireless Networks", International Journal of Computer Science and Network Security, Vol. 7, No. 6, 2005, s. 276-284.

[9] Standardy IEEE, "IEEE 802.11i Standard", IEEE Computer Society, lipiec 2004 r.

[10] K. Khan i M. Akbar, "Authentication in Multi- Hop Wireless Mesh Networks", World Academy of Science and Technology, Vol. 22, 2006, str. 100-105.

[11] X. Zheng, C. Chen C.-T. Huang, M. M. Matthews, N. Santhapuri, "A Dual Authentication Protocol for IEEE 802.11 Wireless LANs", In Proceedings of the 2005 Second International Symposium of the Wireless Communications Systems, IEEE CS Press, 2005, s. 565-569.

[12] N.B. Salem i J.P. Hubaux, "Securing Wireless Mesh Networks", IEEE Wireless Communication, Vol. 13, No. 2, April 2006, pp.
50-55.

[13] N. Milanovic, M. Malek, A. Davidson i V. Milutinovic, "Routing and Security in Mobile Ad Hoc Networks", Computer, IEEE Computer Magazine, 2004, Vol. 37, No. 2, February 2004, pp. 61-65.

[14] D. Kuhlman, R. Moriarty, T. Braskich, S. Emeott i M. Tripunitara, "A". Proof of Security of a Mesh Security Architecture", Technical Report 802.1107/2436r0, IEEE Press, 2007.

[15] A.H. Lashkari, M.M.S. Danesh, B. Samadi, "A Survey on Wireless Security Protocols (WEP, WPA i WPA2/802.11i)," In Proceedings of the, 2009 Second IEEE International Conference on Computer Science and Information Technology (ICCSIT), August 2009, pp. 48-52.

[16] H.I. Bulbul, I. Batmaz i M. Ozel "Wireless Network Security": Porównanie mechanizmu WEP (Wired Equivalent Privacy), bezpieczeństwa WPA (Wi-Fi Protected Access) i RSN (Robust Security Network) Protokoły", Wireless Communications and Mobile Computing Journal, Vol. 4, nr 8,20089, str. 821-833.

[17] J. Sen, "A Survey on Wireless Sensor Network Security, International Journal of Communication Networks and Information Security (IJCNIS), Vol. 1, nr 2, sierpień 2009, s. 59-82.

[18] S. Suri, M. Waldvogel, D. Bauer, P.R. Warkhede, "Profile-Based". Routing and Traffic Engineering", Computer Communications, Vol. 26, No. 4, 2003, str. 351-365.

[19] B. Wu, J. Chen, J. Wu i M. Cardei, "A Survey of Attacks and Środki zaradcze w mobilnych sieciach ad hoc", w sieci bezprzewodowej

Security, Y. Xiao, X. Shen, i D. Z Du, Springer, rozdział 12, Teoria sieci i aplikacje, tom 17, 2006.

[20] M. Spanishhower, J. Butts, D. Guernsey i S. Shenoi, Security Analysis of RSVP-TE Signalling in MPLS Networks", International Journal of Critical

Ochrona infrastruktury, tom 1, grudzień 2008 r., s.68-74

[21] Y. Zhang, W. Lee i Y, Huang, "Intrusion Detection Techniques for Mobile Wireless Networks", In ACM Wireless

Networks Journal (ACM WINET), Vol. 9, No. 5, September 2003.

[22] R. Zhu i Y. Yang, "Model-Based Admission Control for IEEE 802.11e Enhanced Distributed Channel Access", AEU - International Journal of Electronics and Communications, Vol. 61, No. 6, June 2007, pp. 388-397.

[23] R. Rivest, "The MD 5 Message Digest Algorithm", IETFRFC 1321, kwiecień 1992.

[24] D.R. Raymond i S.F. Midkiff, "Denial-of-Service in Wireless Sensor Networks": Attacks and Defences", IEEE Security and Privacy, 2008, s. 74-81. F. Xing i W. Wang, "Understanding Dynamic Denial of Service".

Attack in Mobile Ad Hoc Networks," IEEE Military Communication Konferencja (MILCOM), 2006 r.

K.M. Ali i T.J. Owens, "Selection of an EAP Authentication".

Method for a WLAN", International Journal of Information and Computer Security, Vol. 1, No. 1/2, 2007, s. 210-233. [27] A. Mishra i K. M. Nadkarni, "Security in Wireless Ad Hoc Networks", The Handbook of Ad Hoc Wireless Networks, CRC Press, FL, 2003

[28] S. Capkun, J.P. Hubaux, i L. Buttyan, "Mobility Helps Peer-ToPeer Security" IEEE Transactions on Mobile Computing, Vol. 5, No. 1, Styczeń 2006 r., str. 43-51

[29] M. Partazarathy: "Protokół służący do przeprowadzania uwierzytelniania i tworzenia sieci".
Access (PANA) Threat Analysis and Security Requirements", IETF RFC 4016, marzec 2005.

[30] W. Liang i W. Wang, "On Performance Analysis of Challenge / Response Based Authentication in Wireless Networks", The International Journal of Computer and Telecommunications Networking, Vol. 48, No. 2, June 2005, str. 267-288.

[31] Y. Zhang, W. Lee i Y-A. Haung, "Intrusion Detection Techniques for Mobile Wireless Networks", Wireless Network (ACM WINET), Vol. 9, No. 5, September 2003, pp. 545-556. [32] Cisco, "Product support on 7600 and 6500 hardware series", http://www.cisco.com.

[33] M. Naraghi-Pour i V. Desai, "Loop-Free Traffic Engineering with Path Protection in MPLS VPNs", Computer Networks, Vol. 22, No. 12, August 2008, s. 2360-2372.

[34] F. Palmieri, "VPN Scalability Over High Performance Backbones Evaluating MPLS VPN Against Traditional Approaches", In Proceedings of

the Eighth IEEE International Symposium on Computers and Communications (ISCC), Vol. 2, June-July 2003, pp. 975-981.

Printed by Books on Demand GmbH, Norderstedt / Germany